큐피드의 과학

한림SA 04

SCIENTIFIC AMERICAN™

과학이 말하는 섹스 그리고 사랑

큐피드의 과학

사이언티픽 아메리칸 편집부 엮음
김지선 옮김

Disarming Cupid
Love, Sex and Science

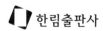 한림출판사

들어가며

"사랑의 종류는 심장의 수만큼이나 많다"

클리셰(Cliché) 또는 몇천, 아마도 몇백만 명의 작가, 화가, 음악가가 이미 써먹은 표현을 빌리지 않고서 사랑을 이야기하기란 사실상 불가능하다. 사랑은 늘 끝없이 매혹적이었다. "한 번도 사랑하지 않은 것보다는 사랑하고 실연당한 편이 낫다"는 알프레드 테니슨(Alfred Tennyson)의 신조에서부터 "사랑에 빠져본 적이 있나요? 끔찍하지 않았나요?"라고 묻는 닐 가이먼(Neil Gaiman)의 수사적 질문에 이르기까지, 사랑에 관한 생각은 자못 다양하다.

그리고 이 책이 증명하겠지만 과학자들은 시인 못지않게 마음의 문제에 관심이 깊다. 어쩌면 우리의 감정을 큐피드의 화살 탓으로 돌리는 편이 로맨틱할 수는 있지만 뇌와 신체가 과녁 선택에 어떤 식으로 관여하는지 알면 좋을 것이다. 결혼이 이혼으로 마무리될 가능성이 동전을 던져 뒷면이 나올 확률과 비슷해 보이는 이 시대에, 우리의 동기를 알게 되면 적절한 파트너 선택과 관계 강화에 도움이 될 것이다. 반대로 파트너를 더 잘 이해하게 되면 이성의 말이 외계어처럼 들릴 때 소통의 창구를 찾을 수도 있다.

이 책 1부에서는 남자와 여자의 이른바 성적 차이를 살펴본다. 우리는 정말 화성과 금성처럼 서로 다른가? 첫 글에서 다루고 있듯이 이 논쟁에서 가장 핵심 질문은 "이성애자 남성과 여성은 '그냥 친구'가 될 수 있는가?"가 되겠으나 답은 "그렇지 않다"인 것으로 연구 결과 드러났다. 뇌 구조와 행동 차를 연구한 '남자아이와 여자아이에 관한 진실', 그리고 언어학과 대화 양식이 어떻게 다른지에 초점을 맞춘 '그가 말하는 방식, 그녀가 말하는 방식'에 잇따른 글들은 남녀를 화성과 금성에 비교하는 것이 과연 옳은지 묻는다.

2부는 '온라인 데이팅'이라는, 낯설지만 그리 새롭지는 않은 세계를 이야기한다. 사회적 상호작용이 갈수록 디지털화하면서 남녀가 만나 서로를 알게 되는 방식은 변화해왔다. 사람들은 이미 온라인에서 이런 지식을 이용해 이미지를 만들어왔는데 첫 번째 글, '디지털 세계에서 데이트하기'는 온라인 로맨스의 장단점을 분석한다.

데이팅 웹사이트 이용자는 몇백만 명에 이르고(게다가 날마다 증가한다), 어쩌면 새로운 만남 가운데 5분의 1 정도는 이러한 사이트에서 시작될지도 모른다. 그런 풍조로 인해 데이트 관련 결정을 내리는 방식들도 바뀌어왔는데, 꼭 좋은 방향으로만 바뀐 것은 아니었다. 3부는 이러한 생각을 연장해서, 왜 사람들은 지금의 방식으로 파트너를 선택하는지 그 이유를 살펴본다.

과학과 기술이 연애운에 관해 많은 것을 설명한다고 해도, 아직 아무리 머리를 쥐어짜도 이해하지 못하는 것도 많다. 4부는 사랑에 빠질 때 어떤 일이 일어나는지 들여다본다. 기능적 자기공명영상(functional Magnetic Resonance Imaging, 이하 fMRI) 연구 결과를 살펴보는 글도 있다. 특히 '사랑이라는 신경화학적 충격과 강박'에서는 사랑이 중독적 약물과 동일한 신경 경로를 자극한다는 결과를 제시했는데 별로 놀라운 발견은 아닐 것이다.

5부는 젠더(gender)와 섹슈얼리티(sexuality) 문제에 초점을 맞춘다. '동성애자에게는 선택의 여지가 있을까?'는 풍부한 과학적 증거를 분석하고, 인간의 선택보다는 유전자와 환경이라는 양쪽 요소가 성적 성향 결정에 큰 영향을 미친다는 사실을 보여준다. 젠더와 성적 지향 관련 논의는 정치적 논쟁으로 이어지는 경우가 많아서 편견 없는 관점을 구축하려면 트랜스섹슈얼리티(transsexualiy)와 성적 연속성(sexual continuum)* 같은 주제의 과학적 밑바탕이 무엇인지 이해할 필요가 있다.

*성적 연속성 또는 성적 지향 연속성은 한 사람에게서 동성애나 이성애 같은 성적 지향이 명확하게 나뉘는 것이 아니라 일정 부분 겹칠 수 있는 연속체 위에 놓여 있다는 개념으로, 책에서는 맥락에 따라 연속성 또는 연속체로 구분해 옮겼다.

하지만 사랑과 섹스를 기저로 한 과학이 모두 장밋빛만은 아니어서 6부에서는 어두운 측면을 들여다본다. 왜 사람들은 나르시시스트적인 성격에 끌리는가? 왜 어떤 남자들은 돈을 주고 섹스를 사는가? 이 같은 질문에 대한 답은 왜 사랑에 빠지는 일이 창의력을 증진시키는지를 이해하는 것 못지않게 중요하다. 사랑의 어두운 측면을 무시하는 것은 사랑을 하찮게 여기는 것이나 다름없다.

비록 모순이 있다 해도 사랑의 역설은, 바로 그것을 문화적 담론의 가장 중요한 주제로 만든다. 레오 톨스토이가 지적하듯이 "세상에 존재하는 사랑의 종류는 심장의 수만큼이나 많다." 이 책이 모든 종류의 사랑과 마음을 다룰 수는 없을지언정 여러분 자신을 이해하는 데에는 도움이 되었으면 좋겠다.

– 해나 슈미트 Hannah Schmidt, 편집자

CONTENTS

1

화성에서 온 남자, 금성에서 온 여자

1-1 남자와 여자는 '그냥 친구'가 될 수 없다

에이드리언 워드

이성애자 남자와 여자는 '그냥 친구'가 될 수 있을까? 이보다 더 뜨거운 논쟁이나 어색한 가족 식사, 문학작품 속의 소동, 기억에 남는 영화 장면을 가져온 질문이 있을까. 하지만 아직 그 물음에 대한 답은 나오지 않았다. 일상적 경험을 바탕으로 생각해보면 남녀 사이의 연애감정 없는 우정은 그저 가능한 정도가 아니라 흔해 보이기까지 한다. 남녀가 늘 같이 살고, 일하고, 논다고 해서 늘 잠자리를 함께 하리란 법은 없다. 그러나 이러한 공존이 플라토닉해 보여도 어쩌면 단순한 겉치레일지도 모른다. 표면 바로 밑에서 부글대고 있는 헤아릴 수 없는 성적 충동을 가리면서 추는 정교한 댄스일지도 모른다.

최근 연구에 따르면 이러한 생각에는 일말의 진실이 존재할 수도 있다. 우리가 이성 친구와 '그냥 친구'가 될 수 있다고 생각하는 순간에도 '로맨스'의 기회(또는 기회라는 생각)가 길모퉁이에 숨어 있을지도 모른다, 가장 운때 나쁜 시기를 호시탐탐 노리면서…….

진정으로 플라토닉한 이성 간 우정의 가능성은 그간 과학 실험실보다는 주로 은막에서 연구되어온 주제지만, 연구자들은 이에 대해 살펴보고자 대학생 이성 친구 88쌍을 과학 실험실로 초청했다. 중요한 변수는 프라이버시였다. 예를 들면 두 친구 중 한쪽이(만) 상대에게 남몰래 연정을 품어왔다는 사실을 알게 된다면 그 결과가 어떨지 상상해보자. 정직한 반응을 확보하기 위해 연구자들은 익명성 그리고 비밀 엄수와 관련된 표준 규약을 따르는 데 더해 양 친구 모두에게서, 연구실을 나선 후에도 그 연구에 관해 이야기하지 않겠다고 서로의 면전에서 말로 동의할 것을 요구했다. 연구자들은 이 친구들을 따로 떼어놓고 각 참가자에게 같이 실험에 참가하는 친구를 향한 연애감정(없는 경우에는 없는 대로)에 관련된 일련의 질문을 던졌다.

그 결과 남녀는 이성 간의 우정을 경험하는 방식에서 큰 젠더 차이를 보였다. 남성이 여성 친구에게 느끼는 매력이, 여성이 남성 친구에게 느끼는 매력보다 훨씬 높았다. 또한 남성은 이성 친구가 자신에게 매력을 느낀다고 생각할 가능성이 여성보다 더 높았다. 명확히 잘못된 믿음이다. 사실, 여성 친구들이 자신에게 느끼는 매력 정도에 대한 남성의 추측은, 실제 그 여성 친구들이 그들을 향해 느끼는 바와는 아무런 상관도 없었고, 오로지 남성 자신의 느낌하고만 관련이 있었다. 기본적으로, 남성은 자신들이 경험하는 어떤 이성으로서의 호감이 상호적 감정일 거라고 생각했고, 여성 친구들이 이성으로서 얼마나 호감을 느끼는지 그 실제 수위에 대해서는 조금도 감을 잡지 못했다. 여성 또한 이성 친구들의 감정을 전혀 알지 못했다. 여성은 일반적으로 남성 친구들에게 매력을 느끼지 않았고, 자신들이 그런 것처럼 상대도 그럴 거라고 짐작했다. 그 결과, 남성은 지속적으로 여성 친구들이 자신에게 느끼는 매력의 정도를 과대평가했고 여성은 지속적으로 남성 친구들이 자신에게 느끼는 매력의 정도를 과소평가했다.

남성은 또한 서로 이끌린다고 착각하고 행동하려는 경향 역시 더 높았다.

남녀 모두, 이미 사귀는 사람이 있는 이성 친구들과 싱글인 이성 친구들 양쪽에 매력을 느끼는 데는 차이가 없었다. 사귀는 사람이 있든 없든 '매력적'인 친구들은 매력적이었고 '매력적이지 않은' 친구들은 매력적이지 않았다. 그러나 남녀는 이미 사귀는 사람이 있는 친구를 연애 상대로 볼 가능성 면에서는 차이를 보였다. 남성은 싱글인 친구들 못지않게 '임자 있는' 친구와의 '로맨틱한 데이트'도 욕망했지만, 여성은 남성 친구가 누구와 사귀는지에 민감했고, 다른 누군가와 이미 관계를 맺고 있는 사람을 자기 것으로 만들려는 데는 무관심했다.

이런 결과에 따르면 남성은 여성에 비해 '그냥 친구'가 되는 것을 어려워하는 듯하다. 더욱 흥미로운 점은, 그런 결과가 구체적인 우정 내에서 발견된다는 것이다(각 참가자는 실험에 같이 참가한 구체적인, 플라토닉한 친구들에 관해서만 질문을 받았다는 점을 상기하자). 이것은 그저 남성은 섹스에 환장하고 여성은 담백하다는 스테레오타입을 확정해주는 결과였을 뿐 아니라, 두 사람이 정확히 동일한 관계를 극히 다른 방식으로 경험할 수 있음을 보여주는 직접적 증거였다. 남성은 이른바 플라토닉한 이성 간 우정에서 수없이 많은 로맨스의 기회를 엿보지만 여성은 완전히 다른, 실제로 플라토닉한 성향을 보여준다.

외부에서 보기에는, 이성 간 우정이 연애 관계로 발전할 가능성을 둘러싸고 이렇게 관점이 다르다는 것이 분명 심각한 골칫거리를 야기할 듯하다. 그리고 이성과 관계를 맺고 있는 사람들은 그 점에 동의한다. 후속 연구에서는 249명의 (다수는 결혼한) 성인들에게 이성과 친구하기의 긍정적 면과 부정적

면을 적게 했다. 연애 상대로서의 매력에 관련된 변수들(예 : "우리 관계는 연애 감정으로 이어질 수 있다")은 우정의 긍정적인 점보다는 부정적인 점으로 기록될 가능성이 다섯 배나 높았다. 그러나 남녀 간의 차이점은 여기서도 나타났다. 남성은 이성 간 우정의 장점으로 연애 상대로서의 매력을 꼽을 가능성이 훨씬 높았고 나이가 많을수록 격차가 벌어졌다. 가장 나이가 적은 남성들도 이성 간 우정의 좋은 점으로 연애 상대로서의 매력을 보고하는 경우가 여성에 비해 네 배나 많았고, 나이가 많은 남성들에게서는 가능성이 열 배나 높아졌다.

결론적으로 이 연구에 따르면 남성과 여성은 '그냥 친구 사이'가 된다는 것의 의미에 관해 엄청난 시각차를 보이며, 이는 문제가 될 가능성이 있다. 비록 여성은 이성 간 우정이 플라토닉하다고 진심으로 믿을지라도 남성은 더 많은 것에 대한 욕망을 포기하지 못하는 듯하다. 그리고 비록 양 젠더 모두 플라토닉한 친구에게 이끌리는 것이 대체로 긍정적이기보다는 부정적이라는 데 동의한다 해도, 남성은 그럴 가능성이 여성보다 적다.

자, 그렇다면 남성과 여성은 '그냥 친구'가 될 수 있을까? 우리 모두가 여성처럼 생각한다면 거의 확실하게 그러하다. 그러나 우리 모두가 남성처럼 생각한다면, 아마 심각한 인구 과잉 위기를 겪게 될지도 모른다.

남자아이와 여자아이에 관한 진실

리즈 엘리엇

처음으로 아기의 초음파 사진을 본 순간, 부모들은 성별에 따라 이 아기들이 다르게 행동하리라고 어느 정도 예상한다. 하지만 막상 태어난 아들이 트럭에 열광하고 딸이 분홍색 옷만 고집하는 걸 실제로 보면 신기하기 그지없다. 소년 소녀는 성별에 따라 눈에 띄게 다른 행동을 한다. 하지만 스테레오타입이 늘 과학적으로 증명되지는 않는다. 정말로 소년은 공격적이고 정말로 소녀는 공감능력이 뛰어난가? 아니면 그저 우리의 선입견 때문에 그렇게 보이는 걸까? 성차(性差)는 진정 존재하는가? 그렇다면 화성과 금성의 거리처럼 커다란 간격으로 타고나는 것인가, 환경에 따라 만들어지는 것인가?

답은 뇌에서 찾을 수 있다. 만약 젠더 간에 신경 차이가 존재한다면, 이를 통해 중요한 행동 차이를 설명할 수 있다. 그런데 연구자들은 뇌 구조나 기능 면에서 소년 소녀의 큰 차이를 발견하지 못했다. 소년은 태어나서 자라는 동안 줄곧 소녀보다 뇌(와 머리)가 크다. 그리고 소녀의 뇌는 소년보다 일찍 성장을 완료한다. 이것이 왜 소년이 더 활동적이고 소녀가 더 언어에 뛰어난지를 설명해주진 못한다. 또한 갈수록 남녀의 독서, 작문 및 과학 과목 점수 차가 벌어져 부모와 교사를 심란하게 하는 이유도 알려주지 못한다.

뇌의 차이점이 생물학적인 것임에는 반론의 여지가 없다. 하지만 이는 고정불변하는 진실은 아니다. 경험이 뇌 구조와 기능을 바꾼다는 핵심적 사실이

간과될 때가 있으며 신경과학자들은 이를 가소성(可塑性)이라 부른다. 경험은 모든 학습과 아동의 정신적 발달에 큰 몫을 차지한다. 심지어 무언가를 눈으로 보는 단순한 행위조차 생애 초기의 정상적인 시각적 경험이 가능케 한다. 그렇지 않다면 아기의 시각적 뇌는 제대로 자리 잡지 못하고, 시각은 영구히 손상을 입을 것이다.

소년이나 소녀로서의 성장이 어떻게 뇌를 조형하는가? 이들이 태생부터 다르다는 건 명백하다. 유전적·호르몬적 차이로 인해 남녀는 뇌의 발달 경로가 처음부터 다소 다르다. 그런데 초기 경험이 세포 내 유전자들의 화학 구성과 기능을 영구적으로 변화시켜 행동에 상당한 영향을 미친다는 사실이 밝혀졌다. 맥길대학의 신경과학자 마이클 미니(Michael J. Meaney)와 동료들을 비롯한 많은 연구자들은 모자보건의 질이 태아의 뇌세포 생성부터 스트레스 반응의 변화와 기억 기능 등에 다양한 신경적·심리적 영향을 미친다는 결과를 발견했다. 부모가 아들딸의 양육 방식을 달리하는 것 역시 발달 중인 뇌에 영향을 미칠지도 모른다.

대다수 성차는 기질과 놀이 양식이 한쪽에 치우치는 사소한 형태로 시작되지만, 애초에 분홍기 또는 파랑기를 띠었던 뇌가 젠더에 따른 성차를 주입하는 문화와 공존하면서 증폭된다. 소년은 레슬링 시합과 운동장에서의 놀이를, 소녀는 티파티와 친구들과의 수다 떨기를 주된 기억으로 갖고 있다. 이러한 환경적 영향력을 이해하면 학교 활동·모험심·경쟁심·공감능력·성실성 등에서 소년 소녀의 차이를 조금이라도 줄일 수 있다.

성차가 시작되는 방식

유아기와 아동기 내내 남아는 여아보다 높은 육체적 활동성을 보인다. 말썽꾸러기 아들을 둔 부모는 기진맥진해서, 시도 때도 없이 발길질을 해대며 집 안을 요란스럽게 뛰어다니는 장난꾸러기 아들에 대해 호소할 것이다. 초음파 연구에서 배아 운동의 성차가 발견되진 않았다 해도 출생 전부터 그러한 차이가 나타날 가능성이 있다. 1986년 캐나다 마니토바대학 심리학자 워렌 이튼 (Warren Eaton)과 동료들은 100건 이상의 연구를 분석하여 출생 첫해부터 분명한 성차가 나타나고 아동기 내내 증폭된다는 사실을 알아냈다. 분석에 따르면 평균적으로 남아는 여아 약 69퍼센트보다 더 활동적이다.

그 격차는 언어와 수학 점수 차이보다는 크지만 31퍼센트의 소녀들이 평균적 소년보다 활동적이라는 사실에서 볼 수 있듯이 예외가 많고 통계상 그리 큰 수치가 아니다. 성호르몬들, 특히 상대적으로 풍부한 자궁 내 테스토스테론(testosterone)이 소년의 그 같은 활동성을 자극하는 듯하다. 성호르몬 수치는 생후 6개월에서 사춘기까지 별 변화가 없지만 육체적 활동에서 보이는 성차는 아동기 내내 커진다. 양육 방식도 차이를 벌려놓는다. 딸을 둔 엄마는 위험한 육체 활동을 만류하는 경향이 있다. (아빠는 엄마에 비해 위험한 활동을 격려한다. 그렇다고 아들에게 딸에 비해 더 위험한 활동을 강요하는 경향이 있는지는 알 수 없다.) 또한 소년 집단에서는 활발한 소년들이 친구의 활동성을 부추기고, 활발한 소녀들은 유순한 친구들과 어울리면서 얌전해지는 경향이 있다. 이처럼 또래들은 자기네 집단에 순응할 것을 강요한다. 소녀들은 단체 스포츠 활동을 늦게 시작하고 빨리 그만두며, 소년들보다 참가하는 팀도 적다. 부모와 또래 양쪽에게 영향을 받기 때문이다.

휴식 시간을 없애거나 체육 활동을 줄인 많은 학교에서 양 젠더 모두 비만율이 높아지고 주의력결핍과다행동장애(attention-deficit hyperactivity diagnoses, ADHD)가 늘어나는 결과가 나타났다. 특히 소년들은 활동 수위가 높아서 육체적 휴식이 자주 필요하다. 또한 성별에 관계없이 오랜 학업 활동에는 운동을 통한 정신적 재충전이 필요하다. 운동은 긍정적 신체 이미지 유지에도 중요하다. 자신에 대한 부정적 신체 이미지는 사춘기 소녀의 우울증 유발에 가장 큰 위험 요인으로 밝혀졌다.

바비인형을 만난 소년들

남자아이들이 트럭을 좋아하고 여자아이들이 인형을 좋아하는 건 자명한 사실이다. 파워레인저, 통카, 브라츠와 바비 뷰티 세트 중에서 고르라고 하면 미취학 아동들은 강력하게 젠더를 드러내는 선택을 보인다. 사실 젠더에 따른 장난감 선택은 아동의 행동에서 드러나는 가장 큰 성차다. 그보다 두드러지게 나타나는 성차는 성적인 선호뿐일 것이다! 유아기 남아는 그 또래 여아처럼 인형을 좋아한다. 이처럼 유아기에는 남녀가 선호하는 물건이 뚜렷하게 다르지 않다. (모든 아기는 얼굴에 강력하게 끌리는데 분명 생존을 위한 이유 때문일 것이다.) 인형 선호는 유아기 말엽에 나타나 취학 전까지 내내 강해지다가 양육 과정에서 복잡한 상호작용이 일어나는 가운데 다소 약화된다.

　걸음마기의 장난감 선호는 어느 정도 태아기의 테스토스테론에 영향을 받는다. 출생 전에 유전자 질환 때문에 테스토스테론을 비롯한 남성 호르몬 수치가 높았던 여아는 장난감 트럭과 자동차에도 관심을 보인다. 심지어 암수 원숭이들도 젠더 스테레오타입 장난감을 선호하는 것을 보면 탈것, 공, 움직이는 부품 등에는 남아의 호르몬 수치와 공명하는 무언가가 있는 듯하다. 그 때문에 애초에 얼굴을 선호하던 남아가 방향을 틀어 육체적으로 상호작용할 수 있는 장난감 쪽으로 가는 것이리라.

　이후 아동의 장난감에 대한 선호는 사회적 조형을 통해 한층 극단적으로 커진다. 특히 아들을 둔 부모는 젠더에 적절한 놀이를 강화한다. 또래들은 세 살 무렵만 되면 어른보다도 굳건하게 젠더의 표준을 고정한다. 워싱턴대학 카린 프레이(Karin Frey)와 뉴욕대학 다이앤 루블(Diane Ruble) 같은 심리학자들은 1992년 다음과 같이 또래 영향력을 보여주는 사례를 보고했다. 초등학생 남녀 아동 둘 다, 동성이 만화경을 고르고 이성이 무비 뷰어를 고르는 광고를 본 후, 매끈한 피셔 프라이스 무비 뷰어보다 못한 만화경을 장난감으로 선택한 것이다.

　다섯 살쯤 되면 여아는 '남자' 장난감과 '여자' 장난감을 구분하지 않고 선택한다. 그러나 남아는 다르다. 사회적 표준이 반영되기 때문이다. 아들에게 드레스를 입고 소꿉놀이를 하라고 권하는 부모는 없을 것이다. 반대로 딸에게는 스포츠와 바지 입기, 레고블록으로 집짓기가 허용되고 장려되기까지 한다.

　이처럼 놀이에 대한 남녀 아동의 다른 선호는 이후 정신적 회로와 능력 형성에 중요하게 작용한다. 스포팅 기어, 탈것, 집짓기 장난감은 육체적·공간적 기술을 연습하게 해준다. 인형, 색칠공부 책, 옷 입히기 놀이는 언어적·사회적 능력과 섬세한 운동회로를 자극한다. 따라서 취학 전 여자아이들이 퍼즐, 집짓기 블록을 가지고 놀게 하고, 이들에게 던지기 게임, 심지어 비디오게임을 장려함으로써 양쪽의 능력을 모두 키울 수 있다. 한편 바느질, 색칠 놀이처럼 남자아이들이 소품을 이용해 의사, 아빠, 동물원 사육사, 응급 구조대원 등의 보호자 놀이를 하게 해도 좋다.

경쟁이 불러오는 동기부여 효과

잉글랜드 센트럴랭커셔대학의 심리학자 존 아처(John Archer)의 2004년 분석을 비롯한 많은 연구에서 소년이 소녀에 비해 육체적으로 공격적이란 사실이 드러났다. 그 차이는 산전 호르몬과는 관련이 있지만 놀랍게도 청소년기 소년의 급격한 테스토스테론 상승과는 관련이 없다. 아처의 연구는 사춘기가 된 소년이 갑작스레 공격성을 보이는 것이 아님을 알려준다. 이 성차는 절대적이지도 않다. 예를 들면 두세 살 먹은 여아가 발차기를 하고 사람을 물고 때리는 일은 흔하다. 걸음마기 남아만큼은 아니라 해도 이후 아동기에 양쪽 성이 보여주는 공격성의 세 배는 된다. 게다가 소녀들의 싸움은 간접적 혹은 관계적 공격성을 나타낸다. 가십, 따돌림, 속삭임, 최근에는 문자메시지를 통한 괴롭힘 등으로 여아는 경쟁자의 신체보다는 정서에 많은 상처를 남긴다.

이렇게 양쪽 성 모두 경쟁하고 양쪽 성 모두 싸운다. 그런 행동이 노골적이거나 은밀하다는 것 정도가 차이점이다. 여아에겐 육체적 공격성이 금기시되기에, 심지어 어린 초등학생들도 겉으로 공격성을 드러내지 않으려 애쓴다. 교사들이 알아채지 못하고, 경찰은 더욱 파악하기 어려운 눈 굴리기, 베스트 프렌드 만들기 전쟁 등을 통해서……

경쟁심이 자연스러운 현상이란 사실을 받아들이면 이를 건강한 방향으로 돌려놓을 수 있다. 최근 교육자들은 교실에서 경쟁을 배제하려는 경향을 보인다. 문명사회에서는 그와 반대되는 상호작용 양식, 즉 협동이 더 중요하다는 생각 때문이다. 그렇지만 경쟁은, 특히 소년들에게 커다란 동기부여 효과가 있다. 그리고 경쟁은 자유시장 문화의 불가피한 현실로서 영원히 사라지지 않을 테니 여자아이들도 개방적 경쟁을 편하게 받아들일 필요가 있다. 학생들이 그룹을 만들어 수학, 어휘, 역사, 과학 문제를 함께 풀며 다른 팀과 경쟁하는 팀 단위 경쟁은 해법이 될 수 있다.

과감한 여성, 민감한 남성이 되도록 가르쳐라

공격성과 공감능력은 반비례한다. 기분을 민감하게 알아차리면 상대방을 공격하기 쉽지 않다. 애리조나주립대학의 심리학자 낸시 아이젠버그(Nancy Eisenberg)와 동료 연구자들은 1980년대의 연구에서 남성과 남아는 육체적·언어적 공격성 점수가 높고 여성과 여아는 타인의 감정에 대한 공감능력 점수가 높다고 결론 내렸다.

그렇지만 공감능력에서 나타나는 성차는 생각보다 적고, 측정 방식에도 영향을 많이 받는다. 스스로 공감 성향을 평가하라고 하면 여성은 남성에 비해 "나는 남의 기분을 잘 알아차리는 편이다" 또는 "나는 남들을 보살피는 것을 즐긴다" 같은 진술에 동의할 가능성이 높다. 그러나 "사진 속 얼굴을 보고 감정 알아차리기" 등 객관적 수치로 테스트했을 때 남녀 차이는 표준편차의 약 10분의 4로 훨씬 적게 나타난다. 이는 평균적 여성이 겨우 66퍼센트의 남성보다 정확하다는 뜻이다.

에머리대학 심리학자 에린 맥클루어(Erin McClure)는 2000년, '유아기·아동기·청소년기의 얼굴 감정 처리에서 나타나는 성차에 관한 연구' 100건 이상을 분석했다. 그는 아동에게는 성인 절반에도 못 미치는 성차가 나타난다고 결론 내렸다. 이처럼 출발선상에서는 남녀 간에 타인의 얼굴과 감정 파악에 큰 차이가 없지만, 나이가 들면 성차가 커진다. 뛰어난 소통 기술, 인형으로 하는 수많은 롤플레이 연습, 친밀한 우정이 여자아이에게 영향을 미쳤을 것이다.

공감능력의 성차에는 어떤 신경적 기반이 작용할까? 편도체(amygdala)라는 뇌 양 측면의 포도만 한 영역이 관여할 가능성이 있는데 자세히 알려진 바는 없다. 편도체는 얼굴을 보았을 때 급격히 활성화된다. 2002년의 몇몇 연구 분석에서는 여성보다 남성의 편도체가 큰 것으로 나타났다. 이는 얼굴을 통한 감정 인식능력은 남성이 여성에 비해 떨어진다는 사실과는 어긋난다.

좌우 편도체의 활성화 편차가 남녀에게 각각 다르게 나타난다고 보는 연구도 있다. 캘리포니아대학 어바인 캠퍼스의 신경생물학자 래리 캐힐(Larry

Cahill)이 주도한 2004년 연구 및 당시 스탠퍼드대학 심리학자였던 투르한 칸리(Turhan Canli)와 동료들이 작성한 2002년 보고서에 따르면, 공감을 일으키는 강렬한 감정적 장면을 회상할 때 여성의 좌뇌 편도체는 우뇌 편도체보다 강력히 활성화되었다. 반대로 남성은 좌뇌 편도체보다는 우뇌 편도체가 강력하게 활성화되었다.

좌우 뇌의 편도체 활성화 정도가 공감능력과 관련이 있는지, 또한 신경적 성차가 아동에게도 존재하는지는 아직 밝혀지지 않았다. 사실 정서성(emotionality)에 관한 남녀 차이는 태어난 직후가 가장 적다. 남아는 여아보다 더 많이 울지만 자라면서 공포와 슬픔, 연약함을 표현하지 않도록 교육받는다. 사회적 학습이 감정적 반응에 대한 남녀 차이를 만든다는 사실에 많은 과학자들이 동의한다. 소년은 소녀와는 달리 덜 표현하고 감정에도 덜 민감해지도록 만들어지면서 차츰 무디어진다. 이러한 훈련이 뇌 구조 중 가소성이 있는 편도체에 흔적을 남기는 것은 거의 확실하다. 그러므로 여자아이는 과감해지도록, 남자아이는 민감해지도록 가르치면 양쪽 성 모두에 좋다.

언어능력 결정의 제1요인은 언어 노출도

"여성은 남성보다 매일 세 배 더 많이 말한다." 이제 이런 유언비어는 잊어라. 실제 수치는 여성 16,215 대(對) 남성 15,669로서 애리조나대학 심리학자 마티아스 멜(Matthias Mehl)이 대학생 400명에게 디지털 녹음기를 장착해 실시한 2007년의 연구 결과다. 여성은 발화(發話), 읽기, 쓰기, 스펠링 등에서 아동기 초기부터 평생 남성을 앞서지만, 그 차이는 대체로 적고 또 나이에 따라 변한다.

언어적 차이는 발달 초기에 출현한다. 유아의 경우, 여아는 남아보다 한 달쯤 빨리 말을 시작한다. 유치원에 갈 때쯤이면 남아보다 독서 기술이 12퍼센트가량 앞선다. 독서와 쓰기는 12학년까지 줄곧 소년을 앞선다. 여자아이는 능숙한 독자가 되어 47퍼센트라는 놀라운 차이로 남자아이를 앞서며 졸업한다. 쓰기에서는 더 큰 차이가 난다. 이는 미국 교육부가 몇십 년간 수집한 데이터의 결론이다.

그러나 어른이 되면 차이는 줄어든다. 위스콘신대학 매디슨 캠퍼스의 심리학자 자넷 하이드(Janet Hyde)와 동료들의 1988년 분석에 따르면 평균적 여성은 모든 언어능력을 조합한 수치에서 겨우 54퍼센트의 남성보다 우위에 있다. 차이가 그토록 적으니 언어나 문해(文解) 차이에 대한 신경적 기반을 밝히기 힘들었던 건 당연한 일인지도 모른다. 신경과학자 아이리스 소머(Iris Sommer)와 네덜란드 위트레흐트의과대학의 동료들은 2008년 대중적 이론 하나를 폐기했다. 바로 여성은 언어 처리에 뇌 양측 모두를 사용하고, 남성은 주로 좌뇌를 사용한다는 이론이다. 그들은 20건의 fMRI 연구 결과를 분석했지만 남녀의 언어적 좌우 분화 차이를 아무것도 탐지하지 못했다.

마찬가지로 여아와 여자 어른이 신경학적으로 읽기에 더 알맞게 만들어졌다는 증거는 거의 없다. 읽기 기술과 상호 관련이 있는 한 가지 요인은 단순히 아동이 학교 밖에서 즐기기 위해 읽는 독서량일 것이다. 여자아이들은 남자아이들보다 독서를 많이 하는 경향이 있는데 바로 이 독서량이 학업능력에 차이를 만든다.

세상에 태어난 후부터 줄곧, 아동의 언어 노출도는 평생의 언어능력을 결정하는 가장 중요한 요인이 된다. 다양한 국가에서 대규모 연구가 이루어졌는데 젠더라는 요인은 걸음마기 아이의 언어능력에서 기껏해야 3퍼센트 정도를 차지했다. 한편 환경과 언어 노출도라는 요인은 최소한 50퍼센트를 차지했다. 따라서 아들을 대화, 책, 노래, 이야기에 많이 몰입시키면 이들도 언어와 문해 기술에서 첫 단추를 잘 꿰게 될 것이다. ABC와 동시(童詩) 책들은 음소론적(phonemic) 민감성을 키우는 데 매우 좋다. 소리와 글자의 연관성 파악은 읽기를 배울 때 처음으로 등장하는 장애물이다. 여아에 비하면 남아는 논픽션, 코미디, 액션 이야기처럼 다양한 장르를 선호한다. 따라서 남자아이들이 독서를 하게 하려면 그들에게 호소력이 있는 책과 잡지를 찾아내야 한다. 좋은 읽기 프로그램을 실행하는 학교에서는 남녀 아동의 점수 차를 없앨 수 있었으며, 이 우려할 만한 격차가 타고난 문해능력 탓이 아닌 교육과 연습의 문제임을 입증했다.

소녀들은 3차원으로 생각하는 연습이 필요하다

소녀가 언어능력에서 앞선다면, 소년은 공간 영역에서 앞선다. 공간지각력은 시간과 3차원 공간에서 물체와 궤도를 시각화하고 조작하는 능력이다. 공간지각력에서 나타나는 성차는 인지 격차 중 가장 큰 축에 속한다. 평균적 남성은 최고 80퍼센트의 여성보다 정신적 로테이션을 잘 수행할 수 있다. 다시 말해 남성은 복잡한 물체를 다른 방향에서 볼 때 어떤 모양으로 보일지 잘 상상할 수 있다.

2008년에는 두 연구 그룹이 3개월 된 어린 아기들을 대상으로 정신적 로테이션에서 나타나는 성차를 보고한 바 있으며, 태아기 테스토스테론이 이 능력에 영향을 준다고 짐작케 하는 증거도 있다. 하지만 연구에서는 어른보다 아동의 능력 차이가 훨씬 적게 나타났다. 네 살짜리 유아를 대상으로 한 연구에서 평균적 남아는 겨우 60퍼센트의 여아를 능가했다. 이로 미루어보아 과녁 맞히기·집짓기·던지기·드라이빙·슈팅게임처럼 소년의 시공간적 관심사가 소녀보다 훨씬 다양하기 때문에 그러한 능력이 향상된다고 볼 수 있다.

신경생물학자 카린 쿠시안(Karin Kucian)과 취리히대학 아동병원의 동료들은 2007년, 남녀 아동에게 정신적 로테이션 과제를 수행하게 했다. 그들은 이미 2005년에 실시한 연구에서 성인 남녀의 뇌에서 정신적 로테이션이 서로 다른 반응을 자극한다는 것을 확인한 바 있었다. 그리고 남녀 아동의 뇌를 자기공명영상(magnetic resonance imaging, MRI)으로 촬영하면 비슷한 신경 활동 패턴이 나타난다고 보고함으로써 그러한 생각을 뒷받침했다. 따라서 남녀 아동의 뇌는 성장하며 여러 기술을 연습하는 가운데 공간 처리능력에서 분기점을 보이는 듯하다.

공간능력은 과학과 미적분학·삼각법·물리학·공학 같은 고차원 수학에서 중요하다. 보스턴 칼리지의 교육심리학자 베스 케이시(Beth Casey)의 연구 결과를 보면 남녀 학생의 공간능력 격차는 대체로 남학생이 수학 SAT 시험에서 지속적으로 앞서는 이유가 된다. 또 여학생이 공학 등 기술 관련 학부에 입학하는 데 명백히 장애가 되기도 한다.

이처럼 중요한 공간능력을 학교에서 의도적으로 가르치지는 않는다. 하지만 몇몇 연구에 따르면 비디오게임을 비롯한 훈련을 통해 공간능력을 향상시킬 수 있다. 소년은 과외 활동을 통해 그런 연습을 많이 한다. 3차원 퍼즐 맞추기, 고속 운전, 표적 맞히기 게임, 소프트볼, 테니스 등의 스포츠 활동을 많이 하면 소녀도 그러한 능력을 향상시킬 수 있을 것이다.

성차는 고정된 것이 아니다

소년 소녀의 심리적 성차는 그다지 크지 않다. 예를 들면 언어능력, 수학 성적, 공감능력, 심지어 대다수 공격성 격차는 일반적으로 성인의 키 차이보다 훨씬 적다. 키가 약 183센티미터인 평균 남성은 99퍼센트의 여성보다 키가 크다. 정신적 능력에 관해서라면 남녀는 차이점보다는 공통점이 훨씬 많다.

더욱이 이런 성차는 고정불변이 아니라는 것이 최근의 견해다. 유전자와 호르몬은 소년 소녀에게 '차이'라는 불꽃을 점화하고 남녀 아이가 속한 서로 다른 문화는 그 불길을 부채질한다. 성차가 출현하는 방식을 제대로 알면 위험한 스테레오타입화를 줄이고, 남녀 학생의 뇌를 교차 훈련할 아이디어를 부모와 교사에게 제공할 수 있다. 이는 그들의 격차를 최소화하고, 모든 아이가 다양한 재능을 한층 충만하게 발달시키도록 돕는다.

1-3 그가 말하는 방식, 그녀가 말하는 방식

데버라 태넌

왜 남성은 길을 몰라도 차를 세우고 길을 묻지 않는 걸까? 내가 《당신은 도저히 이해 못해 : 여성과 남성의 대화(You Just Don't Understand : Women and Men in Conversation)》(1990)라는 책에서* 처음으로 던진 질문이다. 이 질문은 그 책에 실린 어떤 주제보다도 주목받았고 칵테일 냅킨에 "진짜 남자라면 길을 묻지 않는다(Real men don't ask directions)"라는 문구로 인쇄되기도 했다. "왜 모세는 40년이나 사막을 헤맸을까?" "왜 난자 하나를 찾는 데 그토록 많은 정자가 필요할까?" 등의 농담이 유행하고 코미디언들도 이를 단골 소재로 삼을 정도였다.

*국내에는 《그래도 당신을 이해하고 싶다》라는 책으로 나와 있다.

　예상치 못한 관심에 놀랄 수밖에 없었던 나는 비슷한 경험을 한 사람이 많을 것이라 짐작했다. 여성과 남성은 대화하며 왜 좌절감을 느끼는가? 나는 길묻기 시나리오가 그 이유를 설명하는 데 핵심이 된다고 생각한다. 3년 넘게 남녀의 상호작용 방식에 대한 광범위한 사례 몇천 건을 수집 분석해보니 남성은 대화에서 상대적 권력 경쟁인 위계질서에 초점을 두는 반면 여성은 친밀함 등 관계에 초점을 두는 경향이 있었다. 대화를 나눈 후 남성은 그 대화를 통해 자신의 위상이 높아졌는지 낮아졌는지 궁금해한다. 반대로 여성은 대화를 통해 서로 가까워졌는지 멀어졌는지 궁금해한다는 이야기다.

그런데 모든 대화는, 그리고 모든 관계는 위계질서와 관계의 조합을 반영한다. 둘은 상호 배타적이지 않으며 불가분하게 뒤얽혀 있다. 우리 모두는 강해지기를 염원하고, 동시에 타인과 관계 맺기를 원한다.

《당신은 도저히 이해 못 해》출간 후, 나는 남녀의 대화 양식이 같은 목표에 도달하는 방식이 어떻게 다른지 분명히 밝히기 위해 남녀의 발화 방식에서 뉘앙스 차이를 꾸준히 연구했다. 최근의 연구에서는 여성의 위계질서에 대한 초점과 남성의 관계에 대한 초점이 가장 명확하고 강렬하게 드러나는 맥락을 탐구했다. 그건 바로 가족이다. 특히 자매들은 관계뿐만 아니라 경쟁에서도 깊이 영향받는 여자들끼리의 관계를 통찰하게 해준다.

그런데 이것이 길 묻기와 어떤 관련이 있는 걸까? 답이 보이지 않는 것 같겠지만 독자 여러분이 이 책을 계속 읽는다면 틀림없이 그 해답을 알려주겠다.

"내 것이 더 높아"와 "우리는 같아"가 의미하는 것

나는 연구 초기에 민족적·지역적 출신이 다른 발화자들의 대화를 연구 과제로 삼았고 이에 따라 남녀의 언어적 차이에 관심을 갖게 되었다. 이들의 상호작용에는 때로 오해가 발생했는데 무엇을 말해야 하고, 말하는 적절한 방식이 무엇인지 각 그룹 구성원들의 생각이 달랐기 때문이다. 나는 남녀 간 대화에서 나타나는 한 가지 평행 패턴을 감지했는데 바로 젠더-기반 문화 충돌이었다.

어린이집에서 취학 전 아동을 찍은 비디오 클립을 보면서 나는 열심히 이 현상을 관찰했다. 어떤 화면에서는 남아 넷이 나란히 앉아 자기들이 얼마나 높이 공을 쳐올릴 수 있는지 이야기했다. 한 아이가 팔을 들어 올리면서 "내 건 저만큼 높은 데 있어"라고 선언한다. 그러자 다른 아이가 더 높은 곳을 가리키며 "내 건 하늘 높이에 있어"라고 대꾸한다. 세 번째 아이가 반박한다. "내 건 저기 천국에 있어!" 그러자 네 번째 아이가 말한다. "내 건 하느님한테까지 가 있어." 소년들의 언어는 각자의 주장이 이전 주장을 압도하는 명확한 위계질서 게임이다.

이 비디오 클립을 다른 비디오 클립과 대조해보자. 여아 둘이 작은 탁자 곁에 둘러앉아 그림을 그린다. 한 아이가 갑자기 고개를 들어 다른 아이를 보고 (명확하게 콘택트렌즈를 언급하면서) 이렇게 말한다. "너 내 베이비시터 앰버 언니 벌써 콘택트가 있는 거 알아?" 두 번째 아이는 다소 당황한 듯했으나 재빨리 정신을 차리고 신이 나서 말한다. "우리 엄마는 벌써 콘택트가 있고, 우리 아빠도 있어!" 첫 번째 아이가 이 메아리 반응에 기뻐서 웃는다. 메아리 반응은 심지어 첫 번째 소녀의 이상한 구문("콘택트가 벌써"가 아니라 "벌써 콘택트가")도 그대로 따라한다. 둘은 잠시 그림을 그린다. 그러다 처음 말을 꺼낸 아이가 기뻐서 소리를 지른다. "똑같네?" 똑같다는 사실은 남자아이들이 서로를 이길 때처럼 여자아이들을 기쁘게 한다.

비록 구체적인 대화의 움직임은 '넘어서기' 대(對) '일치하기'로 다르지만 이렇게 대조되는 대화에는 모두 의례라는 공통점이 있다. 즉 대화의 흐름이나 합리적 반응을 자명하게 가정한 대화다. 문화 간의 소통이 그러하듯이 우리는 우리와 동일하게 가정하지 않는 사람들과 이야기하기 전까지는 그러한 의례를 알아보지 못한다.

부모들은 자신의 아이에게 나타나는 이러한 모습이 젠더 관련 패턴임을 깨닫게 됨으로써 당황스러운 행동의 대처에 도움이 되었다고 말한다. 예를 들면 한 여성은 자기 아들과 그 친구 둘을 포함한 세 명의 어린 남아들이 하던 이야기를 떠올렸다. 아이들은 그녀가 운전하는 차 뒷자리에 앉아 있었다. 한 아이가 말했다. "우리는 디즈니랜드에 가서 세 밤이나 잤다." 두 번째 아이가 말했다. "우리는 디즈니랜드에 가서 네 밤이나 잤다." 그러고 나서 그녀의 아들이 말했다. "우리는 디즈니랜드로 이사 갈 거다!" 그녀는 아이가 그렇게 빤히 보이는 거짓말을 하는 것이 속상했다. 아들에게 거짓말을 하지 말라고 가르쳐야 할까? 나는 그녀에게 그 아이들은 그녀 가족이 디즈니랜드로 이사 가지 않으리란 걸 잘 안다고 말해주었다. 어쨌건 그녀의 아들은 시합에서 이겼다.

한 아버지는 자신의 어린 딸과 친구들 사이에서 오가는 대화를 듣고 당황했다는 이야기를 들려주었다. 딸의 친구는 이렇게 말했다. "나는 벤저민이라는 오빠와 조녀선이라는 남동생이 있어." 그의 딸은 대꾸했다. "나도 벤저민이라는 오빠와 조녀선이라는 남동생이 있어." 그건 사실이 아니었다. 아이 아버지는 딸이 그런 말을 한 이유가 궁금했다. 나는 아이가 친구와 일치된 경험을 말하는 건 단순한 선의의 표현일 뿐이라고 설명했다. 우정을 강화하기 위해서였다.

'위계질서에 대한 초점'과 '연결에 대한 초점'이 이처럼 대조됨으로써 성인들의 대화를 이해하는 데 도움을 준다. 또한 그 대화에서 좌절하는 이유를 이해하는 데도……. 한 여성이 다른 여성에게 개인적 문제를 털어놓는다. 그러고는 "난 네 기분이 어떨지 알 거 같아" "나도 그런 적이 있었어" 등의 대답을 듣는다. 그 결과 '골칫거리 상담'이 이어져 그들의 연대를 강화한다. (친밀감을 유지하려면 친구들에게 무슨 문제든 털어놓아야 한다고 느끼는 여성도 있다.) 그런 의례에 익숙지 않은 남성이 여성이 대화를 위해 던진 수를 문제 해결 요청으로 오해하는 것도 당연하다. 그 결과 둘 다 좌절감을 느낀다. 여성은 기대했던 위안은커녕 이렇게 저렇게 하라고 명령만 하는 남성을 비난한다. 남성은 자신은 요청대로 했을 뿐인데 왜 여성이 아무것도 하지 않으면서 계속 그 문제를 이야기하는지 이해할 수가 없다.

직장에서도 비슷한 시나리오가 펼쳐진다. 오해가 쌓이다 보면 이직을 부르기도 한다. 예를 들면 한 여성의 남자 상사가, 그녀가 부하직원에게 하는 말을 우연히 들었다고 생각해보자. "그 보고서 한 부만 복사해달라고 부탁해도 될까요?" 남자 상사가 보기에는 이런 말투가 자신감이 없게 느껴진다. 하지만 진실은 정확히 그 반대일 것이다. 여성은 부하직원이 자신의 요구대로 해야 한다는 사실을 안다. '부탁해도'라는 말은 자신의 명확한 권력을 과시하지 않음으로써 부하직원의 체면을 살려주려는 방편일 뿐이다. 남성은 여성의 의례적 간접성을 자신감 부족으로(심지어 능력 부족으로) 오인할 때가 많다. 반대로 여성은 덜 간접적인 의례를 고압적이라 생각하며 자신감 부족으로 오인할 때가 많다. 여성은 이렇게 생각한다. '그런 식으로밖에 권위를 과시할 수 없다니

저 남자는 정말 자신감이 없군.'

다시 길 묻기라는 주제로 돌아가보자. 여성의 관점에서 길 묻기는 낯선 이와 짧은 관계를 맺은 후 목표 지점에 도달한다는 뜻이다. 손해 볼 게 없다. 남성의 관점에서 길 묻기는 자신을 낯선 이보다 낮추는 불편한 경험이 된다. 심지어 그 노력은 비생산적일지도 모른다. 낯선 사람은 길을 모르더라도 한 수 아래로 보이고 싶지 않다는 비슷한 동기에서 엉뚱한 길을 알려줘 그들을 헛걸음하게 만들지 모른다. 그렇기 때문에 남성은 이런 불편함을 피하는 대신 스스로 길을 찾느라 10~30분을 투자하는 편이 합리적이라고 여긴다.

양식은 달라도 목표는 비슷하다

차이가 있기는 해도 남녀의 대화 양식은 겉보기보다는 비슷한 면이 많다. 또한 반대로 보이는 이 양식이 비슷한 목적에 이용될 수 있다. 목표 추구 방식은 다를지언정 남자아이와 남성도 관계에 신경을 쓰고, 여자아이와 여성도 권력에 신경을 쓴다.

관계에 초점을 맞추는 언어적 의례는 동일함의 확인과 관련이 있다. 콘택트렌즈에 관한 대화나 다음과 같은 친숙한 반응에서 그 사실을 알 수 있다. "나도 똑같은 일이 있었어." "나도 그랬어." 그렇지만 전형적으로 남성과 관련된 경쟁적 의례로 해석되는 이와 대조적인 말, 즉 "그건 아무것도 아니야! 나는 어땠냐면……"이라는 문장도 연결과 관련이 있다. 그 의미는 다음과 같다. "너무 속상해하지 마. 난 더 심한 일도 겪었으니까." 달리 말하면 서로를 '넘어서는 것'은 위로의 다른 방식일 수도 있다.

여자아이와 여성에게는 표면적으로 연결이 목표인 행위가 권력 행사의 방식이 될 수도 있다. 미네소타대학 언어학자 에이미 셸던(Amy Sheldon)은 취학 전인 동성의 세 아이가 노는 모습을 녹화해 이 과정을 조사했다. 셸던은 남녀 아이들이 나름대로 자신의 목적을 추구하고 있음을 알아차렸다. 남자아이들은 상대방 목표를 좌절시키려는 의도를 명확히 드러냈다. 반대로 여자아이들은 존중하는 척하며 상대방 목표를 좌절시켰다.

에바와 켈리라는 두 여자아이는 친구 툴라를 자기네 놀이에 끼워줄 마음이 별로 없었다. 하지만 두 아이는 직접적 거절 대신 툴라에게 참여에서 배제되는 역할을 맡겼다. "넌 남동생 역할을 하면 돼. 근데 그 아이는 아직 태어나지 않았어." 이것이 겉보기에는 놀이에 끼고 싶어 하는 툴라의 희망을 수용하는 것처럼 보여도 실은 고도로 적극적인 거절이라고 셸던은 강조한다.

이처럼 아이들 행동에는 명확한 위계질서나 연결만이 존재하는 것이 아니라 양측이 혼합되어 있음을 볼 수 있다. 에바와 켈리가 툴라의 참여를 막고자 권력을 행사했다고 할 수도 있고, 툴라에게 한 가지 역할을 배정함으로써 연결을 존중했다고도 볼 수 있다. 셸던은 남자아이들이 이와 대조되는 경향을 보이는 모습을 관찰했다. 그들은 놀이에서 자신의 목표를 노골적으로 고집하고, 심지어 힘으로 친구를 위협하기도 했다. 닉은 친구의 플라스틱 피클을 자르고 싶어서 이렇게 소리를 질렀다. "나는 잘라야만 해! 자르고 싶어! 내 거란 말이야!"

그러나 셸던은 남녀가 사용하는 전략이 다르다 해도 그 차이는 절대적인 것이 아닌 정도 문제라고 강조한다. 더러는 남자아이도 타협을 시도하고, 더러는 여자아이도 육체적 힘으로 뜻을 관철시키려 한다.

셸던의 연구는 어떤 현실적 패턴도 결코 절대적이지 않다는 사실을 상기시킨다. 다시금 길 묻기로 돌아가보자. 나는 그 시나리오가 그렇게 흔하리라 생각지 못했다. 남편은 차를 세우고 길을 묻는 반면, 나는 지도를 보고 직접 찾는 유형이기 때문이다. 이렇게 남편과 나는 전형적이지 않다. 그리고 우리 중 다수가 자신이 속한 젠더, 문화, 지역, 집단의 전형과 다른 면모를 보인다.

젠더 차이는 상대적으로 연결과 위계질서 어느 쪽에 초점을 맞추는가의 문제다. 우리 모두는 양쪽 목표를 어느 정도 함께 달성하고 싶어 한다. 따라서 우리는 늘 연결과 상대적 권력을 놓고 협상을 벌인다. 에바와 켈리는 툴라를 끼워주면서도 참여는 막음으로써 양쪽 목표를 모두 추구했다. 공을 얼마나 높이 쳐올릴 수 있는지 말로 경쟁했던 남자아이들 또한 언어적 게임에 동의함으로써 연결을 만들었다. 그렇다면 젠더 패턴에 대한 이해를 위해 "이런 식의 말하기가 위계질서에 치중한 것인가, 연결에 치중한 것인가"라고 묻기보다는 "이런 식의 말하기가 연결과 위계질서의 상호작용을 반영하는가?"라고 물을 필요가 있다. 이러한 상호작용을 가장 잘 탐구할 수 있는 곳은 보편적이면서 근본적인 환경, 바로 가족이다.

가족이라는 끈

가족은 생래적으로 연결성과 위계질서가 함께하는 곳이다. 부모와 자녀 사이에는 자명한 위계질서가 존재하고, 형제간에도 마찬가지다. 흔히 친밀하고 대등한 우정을 '자매 같은' 또는 '형제 같은'이라고 묘사하지만, 실제 형제 관계는 공유된 가족의 연결뿐 아니라 출생순으로 형성되는 위계질서에 의해서도 규정된다. 나는 특히 자매 관계에 호기심이 많다. 내게 두 자매가 있기도 하거니와 경쟁심과 위계질서가 큰 비중을 차지하는 여자들 간의 관계라는 면에서 자매 관계가 중요하기 때문이다.

1993년에 출간된 델러니 자매의 베스트셀러 회고록《우리의 이야기를 하다(Having Our Say)》에는 베시 델러니의 이런 말이 실려 있다. "새디 언니는 가끔 나를 무시할 때가 있어요. 자기가 언니다, 이거죠." 이 말을 했을 때 베시는 101살이었고, 새디는 103살이었다. 새디가 이렇게 말하는 부분도 있다. "베시가 130살까지 살면, 나는 132살까지는 살아야 할 거예요. 그 애를 보살펴야 하니까요." 그들의 관계에 큰 영향을 미친 것은 그들이 함께 산 100년이 아니라 2년이라는 나이 차였다.

이런 백세인들의 말은 나의 책《엄마는 늘 널 편애했어! : 자매간의 평생의 대화(You Were Always Mom's Favorite! : Sisters in Conversation Throughout Their Lives)》에서 100명 이상의 여성 인터뷰이가 돌려준 자매간의 역학을 반영한다. 형제들 역시 그랬다. 나이 많은 형제들은 보호적 성향을 보일 때가 많지만 평가적 성향을 보일 때도 자주 있다. 이런 자질은 동전의 양면이라고 할 수 있다.

'평가적'이란 말은 어떻게 인생을 개선할지 타인에게 충고한다는 뜻이다. 사람들은 친구와 친척, 심지어 낯선 사람들까지도 어떻게 하면 더 잘 살게 할 수 있을지 궁리한다. 그렇지만 보통은 책임감을 느끼지 않는 한 그들에게 생각대로 말하지 않는다. 자녀는 대체로 부모가 자신을 평가한다고 느낀다. 자녀의 삶이 잘 흘러가도록 단속하는 것이 권리이자 의무라고 생각하는 부모는 어떻게 하면 인생이 더 나아질지 자녀에게 알려준다. 그러나 아무리 선의의 충고(달리 말해 연결에 초점을 둔)라도 전형적인 비판으로 여겨져 듣는 사람은 자신을 얕잡아본다고 생각할 수 있다. 충고하는 사람은 지식 면에서 우월하고, 다른 이에게 말할 권리를 행사한다는 의미에서 상위 계급이기도 하다.

보통은 남자아이에게 예상되는 모습이지만 동생에게 명령하고 노골적으로 권위를 드러내는 언니도 많다. 한 여성은 어릴 적 언니와 함께 했던 '대걸레' 놀이에 대해 말해주었다. 언니는 대걸레가 된 동생의 발을 붙잡아 집 청소를 했다. 동생의 기다란 머리는 대걸레처럼 마룻바닥을 쓸었다. 한 여성은 놀이를 조직하고 지시하며 역할 분담을 해주던 언니의 모습을 떠올렸다. "내가 공주를 할게. 넌 개구리를 맡아."

아버지 말에 따르면 네 살 때의 나는 여섯 살 언니에게 이렇게 부탁했다. "미미, 나 언니 뒤뜰에서 놀아도 돼?" 언니의 권위에 내가 어떤 문제 제기도 하지 않았음은 분명하다.

자매 관계에서는 '가까움'을 성배(聖杯)처럼 떠받든다. 꼭 자매가 아니어도 마찬가지다. 언니에 관해 이야기하는 여성들에게 자주 듣는 말이 있다. "우리가 더 가까웠으면 좋겠어요." 가깝지 않기를 바란다는 말은 한 번도 들은 적이 없다. 또한 골칫거리 상담은 친밀함에 핵심 역할을 한다. 중요한 개인정보를 자신에게만 비밀로 한 언니 때문에 상처받았다고 말하는 여성도 있다. 오빠나 아버지에 대해서는 "적당한 시기에 말해주던걸요" 하며 아무렇지도 않게 말하지만 자매들(또는 어머니)에 대해서는 이렇게 느낄 때가 많다. "나는 우리가 그보다는 가까운 관계라고 생각했어요."

흔히 자매간의 연대에는 강한 경쟁심이 수반된다. 하지만 이는 연결을 향한 경쟁심이다. 자매들은 식구 중 누군가의 비밀을 누가 아는지, 또는 누가 먼저 아는지 극도의 경쟁심을 느낀다. 〈20/20〉 프로그램의 리포터 주주 창(Juju Chang)은 자신의 프로그램에서 내 책을 다루며 자신과 세 자매의 에피소드를 들려주었다. 이혼이나 임신 등의 빅뉴스는 세 자매 모두 동시에 알 수 있게 다자통화로 알려야 했다. 그렇지 않으면 처음 소식을 알린 자매를 편애한 것이 되고, 다른 자매들은 무시당했다고 느꼈다.

이처럼 자매들은 경쟁적일 때가 많고 이들의 관계에는 엄연히 출생에 따른 위계질서가 존재한다. 형제끼리 친하게 지내는 가족도 많은데 그들의 관계에는 공통된 가족으로 인해 연결이 자리 잡는다. 그러나 자매와 형제는 서로 다른 경기장에서 전투한다고 볼 수 있다. 자매가 식구들 개인정보를 누가 더 많이 아는지 경쟁한다면, 형제는 컴퓨터나 역사 등 비개인적 정보를 누가 많이 아는지 경쟁한다.

가족 관계는 '가까움'이 위계질서나 경쟁과 반대되거나 다른 개념이 아님을 잘 보여준다. 사실 언니가 동생을 좌지우지하거나 동생에게 편하게 충고하는 이유는 바로 그들 사이의 관계가 끈끈하기 때문이다. 게다가 손위 형제와 손아래 형제의 깊은 사랑은, 부모와 아이의 사랑처럼 서로 보살피고 보살핌을 받는 가운데 우러나온다.

식구들이 하는 대화를 잘 들어보면, 남성뿐 아니라 여성 간의 대화에도 권력과 친밀함은 공존하고 있다. 젠더의 대화 패턴이 어떻게 같은 목적을 향해 가는 다른 길이 되는지 여기서 힌트를 얻을 수 있다. 이들의 목적은 상대적 권력과 교섭하는 동시에 가까움과 거리 두기 사이에서 바르게 균형을 잡는 것이다.

J. R. 민켈

진화심리학자들은 이미 30여 년 전부터 인간 성 행동에 관해 단순한 이론 하나를 발전시켜왔다. 남성은 생식을 위해 여성이 난자에 하는 것보다 적은 노력을 정자에 투자한다, 때문에 남녀의 뇌는 다르게 진화되어왔다, 그 결과 여성은 상대적으로 선택적인 반면 남성은 섹스에 열의를 보인다는 이론이다. 그런데 최근 들어 이 패러다임에 수정을 가해줄 증거가 나타나고 있다.

"과학계에서는 이제 진화심리학의 가정에 문제 제기를 할 만한 데이터를 갖추어갑니다." 서던캘리포니아대학(U.S.C.) 사회심리학자 웬디 우드(Wendy Wood)의 말이다.

'열성적 남성-선택적 여성' 패러다임은 남녀가 생식 비용과 관련해 단기적·장기적 섹스에 몇 분, 몇 달 하는 식으로 얼마나 많은 노력을 들일지 의식적으로 결정한다는 뜻이 아니다. 대신 인류사에서 볼 때 공교롭게도 생화학적으로 남성의 성향이 너그럽고 여성의 성향이 까다로울 경우, 경쟁자에 비해 많은 자손을 남긴다는 생각이다.

1993년, 당시 미시건대학 앤아버 캠퍼스에 있던 심리학자 데이비드 버스(David Buss)와 데이비드 슈미트(David Schmitt)는 그러한 생각으로 남녀의 성적 행동을 예측했다. 연구의 일환으로 버스와 슈미트는 대학생을 대상으로 단기적 짝과 장기적 짝(예를 들면 원나이트 상대와 결혼 파트너)에 대한 욕망은? 이상적 짝의 수는? 섹스 전에 상대를 알고 지내야 하는 기간은? 원나이트를 위한 조건은? 등을 설문조사했다. 모든 항목에서 남성은 여성보다 많은 섹스를 선택했다.

구글 학술검색(Google Scholar)에 따르면 그 연구는 1,200차례나 인용되었지만 서던캘리포니아대학 린 캐롤 밀러(Lynn Carol Miller)는 자신이 과학자로서 보는 사실과는 거리가 멀다고 말한다. 밀러는 양쪽 성이 단기적·장기적 섹스에 들인 노력을 적절히 평가하려면 시간이나 돈 같은 척도를 사용해야 한다고 보았다.

《성 역할 : 연구 기록(Sex Roles : A Journal of Research)》을 위한 연구에서 밀러와 동료들은 대학생들에게 단기적·중기적·장기적 관계를 추구하느라 주말에 얼마나 시간과 돈을 투자했는지 묻는 식으로 버스와 슈미트의 연구를 나름대로 수행했다. 단기적 섹스를 위해서는 남녀가 비슷하게 노력했다. 남녀 모두 섹스 파트너를 대상으로 할 때는 기준이 낮아지는 경향이 있었다. 남성은 원하는 만큼 섹스 파트너를 만날 수 있었다고 보고했다.

"남성은 순전히 성적인 관계를 여성보다 훨씬 열정적으로 추구한다는 생각에 저는 분명히 수긍했었습니다. 그런데 데이터를 본 후 처음으로 성차가 생각보다 그리 강력하지 않다고 생각했습니다." 칼리지 스테이션에 있는 텍사스 A&M대학 폴 이스트윅(Paul Eastwick)의 말이다.

밀러는 부모의 투자가 우리 종 20만 년의 역사 동안 후손의 생존율을 끌어올렸다면 나쁘지 않은 결과였다고 말한다. 만약 양쪽 성 모두 후손의 생존을 위해 투자한다면 둘 다 비슷한 정도로 섹스에 대한 적응을 보여주어야 한다. 또한 남성은 감정적 순결보다는 성적 순결에 신경을 써야 하는데 이는 섹스에 대한 남성의 열망이 가져온 필연적 귀결이다. 남성은 후손이 다른 남성 것이 아닌 자기 것인지 확신하는 데 지대한 관심이 있기 때문이다. 실제로 미국과 몇몇 산업화된 국가에서 감정적 순결(다른 사람과 사랑에 빠지는 것)보다는 성적 순결에 우려를 표하는 남성이 여성보다 많다는 조사가 있다. 질투 패턴이 사람의 안정적 관계 형성능력과 관련되어 있음을 시사하는 최근의 연구도 있다.

펜실베이니아주립대학의 심리학자들인 케네스 레비(Kenneth Levy)와 크리스틴 켈리(Kristen Kelly)는 학부생 416명에게 어떤 유형의 질투가 더 괴로운지 조사했다. 또한 학생들의 애착 유형을 평가하기도 했다. 연구 결과, 이른바 '거부 회피형(dismissing avoidant)' 애착 유형을 가진 남성이 여성보다 많다는 사실이 밝혀졌는데 이들은 자신의 감정과 타인의 필요성을 무시하는 경향이 있다.

레비와 켈리가 애착 유형을 통해 그들의 질투 패턴을 분석해보니 안정적 애착 유형인 남녀 모두 성적 관계보다 감정적 불륜을 불쾌해했다. 또한 거부 회피형인 남녀 모두 성적 불륜을 불쾌해했다, 남성의 불쾌감 정도가 크긴 했지만…….

레비는 애착 유형이 대체로 보호자, 즉 부모와의 초기 경험에 의해 결정된다고 말한다. 거부 회피형 남성이 여성보다 많은 이유는 아들을 거부 애착 유형을 부추기는 방식으로 키울 확률이 높기 때문이라는 것이 그의 견해다.

연구자들은 표준 진화심리학의 허점을 드러내는 데 그치지 않고 새 패러다임을 제시한다. 서던캘리포니아대학 우드와 노스웨스턴대학 앨리스 이글리(Alice Eagly)는 남녀는 사회의 성별 간 노동 분업에 들어맞도록 그들의 관점을 변화시킨다고 가정한다. 그 분업은 덩치와 힘, (임신기의) 운동성이라는 육체적 차이의 결과다.

2009년의 한 연구에서 이글리는 이스트윅을 비롯한 동료들과 함께, 남녀 대학생들이 미래에 가정주부나 부양자가 된 자신의 모습을 상상하게 했다. 가정주부를 상상한 학생들은 예상 배우자의 부양자로서의 자질을 가정주부로서의 자질보다 중요하게 평가했다. 그러한 발견은 수입이 많을수록 결혼 가능성이 높아진다고 한 데이터와 들어맞는다. 그들이 더 매력적인 배우자라는 뜻이다.

역할이 동등할 때 남녀는 비슷한 배우자를 선호하지만 여성을 가정적 역할에 한정하면 남녀의 선택이 달라진다고 이글리는 말한다.

현재 텍사스 오스틴대학에 있는 버스는 그러한 증거에 흔들리지 않는다. 그는 이글리와 우드의 이론이 "자연선택이 남녀의 신체에서 성차를 만들어온 것을 인정하면서도 뇌의 영향력은 제외하고, 따라서 뇌의 심리학적 적응도 배제하는" 애매한 가설이라고 말한다.

우드는 전통적 진화심리학 패러다임은, 흔히 볼 수 있는 성차의 패턴을 자연스러워 보이는 방식으로 설명했기에 매력적이었다고 생각한다. 남녀가 늘 지금 같은 방식으로 상호작용해왔다고 가정했던 것이다. "남성과 여성은 다양한 방식으로 행동하도록 진화해왔음을 말하고 싶습니다." 우드는 말한다. "우리는 최고로 유연한 종입니다."

안드레아 앤더슨

질투는 관계를 망칠 수 있다. 그리고 남녀가 질투라는 괴물을 각기 다른 방식으로 경험한다는 것은 잘 알려져 있다. 과거에는 남성은 성적인 불륜에, 여성은 감정적 불륜에 더 불쾌해한다는 것이 정설이었다. 진화심리학으로 설명하면 남성이 섹스에 관심이 많은 이유는, 배우자가 바람을 피우면 내가 남의 아이를 키우게 될 수도 있기 때문이다. 반면 여성은 감정적 관계를 중시한다. 그들에게는 홀몸으로 아이를 키우는 것이 더 위험하기 때문이다. 그런데 펜실베이니아주립대학의 새로운 연구는 부도덕함에 대한 남녀의 반응이 이렇게 다른 이유를 다시금 생각하게 해준다.

임상심리학자 케네스 레비와 크리스틴 켈리는 400명 이상을 대상으로 한 연구에서 아동기 경험에서 비롯된 개별적 성격 차이가 각 젠더의 질투 패턴을 설명한다는 사실을 발견했다. 두 사람은 피실험자들에게 배우자가 '다른 사람과 섹스를 하는 것'과 '다른 사람과 정서적으로 강력히 유대하는 것' 중에서 어느 쪽이 더 불쾌할지 물어보았다. 일관성 없거나 둔감한 부모 밑에서 친밀감 없이 '지나치게 독립적'으로 자란 사람들에게는 전형적으로 거부(dismissive)라고 불리는 불안정한 애착 유형이 나타났는데 이러한 애착 유형인 남녀 모두 성적 불륜을 불쾌해할 가능성이 높았다. 거부 애착 유형은 남성에게 더 많이 나타났다. 이 젠더* 차이의 이유는 명확하지 않지만 '남자다운'

행동에 대한 문화적 개념이 어느 정도 작용했을 것이다. 레비는 애착 유형이라고 알려진 퍼스낼러티(personality) 형성을 이해함으로써 남녀의 질투 대상이 서로 다른 이유를 알 수 있다고 말한다. 일부는 반대 성의 질투 양식에 더 잘 맞는, 이전에는 설명할 수 없었던 사실 역시 그러하다.

2

현대 세계에서 데이트하기

2-1 디지털 세계에서 데이트하기

엘리 핀켈·폴 이스트윅·벤저민 카니·해리 리스·수전 스프레처

낭만적 관계는 언제 어디서든 시작될 수 있다. 교회나 학교에서, 체스나 소프트볼 경기 중에, 친구들과 시시덕대고 있는 파티에서, 사색에 빠져 있는 기차에서도 큐피드의 화살은 우리를 노릴 수 있다. 그러나 이따금 큐피드는 휴가를 가거나, 쿨쿨 낮잠을 자거나, 어딘가에 틀어박혀 구닥다리 영화만 줄곧 보고 있을지도 모른다. 제멋대로인 궁수를 기다리는 대신, 온라인 데이팅 사이트를 찾는 사람이 갈수록 늘어난다.

짝짓기와 생식에 대한 진화적 지상명령을 충족시키려면 무엇을 실천해야 할까? 천년이 넘는 세월 동안, 각각의 문화에서는 이에 필요한 것을 발명해왔다. 오늘날 서구 세계에서는 대체로 개인이 스스로 연애 상대를 찾는 것을 당연시한다. 그러는 동안 시간과 노력, 감정적 에너지가 상당히 소모될 수 있다. 온라인에서 데이트 상대 사냥 기술을 발휘하면 싱글들은 임의적 과정을 어느 정도 통제하면서 격이 맞는 상대 몇백, 몇천 명에게 접근할 수 있다.

사회적 동아리와 인근의 사냥터를 벗어나 로맨스를 추구할 이 전례 없는 기회는 10억 달러 규모의 산업으로 발달했다. 온라인 데이팅 사이트 대다수가 이런 식으로 작용한다. 이용자들은 자신을 설명하는 프로필을 작성하고 거주 도시, 교육 수준, 나이, 종교 등 다양한 기준으로 잠재적 연애 상대를 찾아 웹사이트를 검색한다. 특허받은 알고리즘을 사용해 이용자들을 짝지음으로써

50

중매쟁이 역할을 하려는 사이트도 있다. 고객들에게 무제한 자유를 주는 사이트도 있다. 온라인 데이팅은 높게 보아 새로운 연애 관계의 20~25퍼센트를 담당할 것으로 추산된다.

20년 전만 해도 온라인으로 만나는 커플은 거의 없었다. 그러나 지금은 온라인 데이팅이 친구를 통한 소개팅에 이어 파트너를 찾는 방법 중 2위를 차지한다. 당신이 싱글이라면 향수나 샤워코롱을 뿌리고 밤에 외출하지 않아도 모닝커피를 마시면서, 회의 중 짧은 휴식 시간에, 잠들기 직전 침대에서 10분 동안 연애 상대를 찾아볼 수 있다. 이렇게 온라인 서비스는 데이트 풍경을 근본적으로 바꾸어놓았다.

하지만 이러한 변화를 반드시 건설적이라고 볼 수는 없다. 온라인 데이팅에는 다음과 같은 중요한 전제가 숨어 있다. 첫째, 사람들은 온라인 프로필에 묘사된 어떤 특성이 자신에게 호소력이 있을지를 잘 판단한다. 둘째, 잠재적 배우자 여럿을 나란히 놓고 비교하면 자신과 어울리는지 효과적으로 평가할 수 있다. 셋째, 선택지가 많으면 로맨틱한 미래에 관해 잘 결정할 수 있다. 그런데 이러한 전제들 중에 진실은 거의 없는 듯하다.

온라인 데이팅에 대한 기대와 인간심리학의 현실 사이의 이러한 괴리에 불만을 느끼는 사람들이 많다. 어떤 이용자들은 매달 프로필을 훑는 데 엄청난 시간을 투자하고도 데이트 근처에도 가보지 못한다. 수많은 이용자들과 접촉했지만 돌아오는 응답이 거의 없는 경우도 있다. 훌륭한 프로필에 설레며 완벽한 데이트를 기대했건만 첫 데이트에서 파트너로서는 어떤 화학작용도 일어나지 않는다는 사실을 깨닫기도 한다.

다음에 나오는 온라인 데이트객을 위한 생존 가이드를 숙지하자. 이 데이트 풍속도는 인간 정서에 대한 통찰력을 선사할 것이다.

너무 많은 선택지는 과부하를 낳는다

온라인 데이팅은 흔한 밤외출과는 전혀 다르다. 술집에 들어간 남성은 실내를 둘러본 뒤 웃으며 반기는 진지한 눈빛의 30대 금발 여성에게 다가갈 것이다. 대화 시작 단계에 이르면, 남성은 위트 있게 여성을 웃기면서 제스처, 자세, 향기 등 상대의 비언어적 신호를 접수한다.

그러나 온라인 데이팅 사이트에서 상대의 프로필을 읽은 남성이라면? 그는 그 여성의 취미가 보드게임이고, 직업은 파티시에이며, 좋아하는 영화 장르는 공포영화라는 것을 알게 되었을 것이다. 예술영화를 즐겨 보는 그는 취향이 다르다는 이유로 이미 그녀를 무시하고 있을지도 모른다.

마우스 몇 번만 클릭하면 쉽게 로맨스라는 당근에 닿는 현실에서 수많은 프로필을 스캔한 후 무심하게 지나치려는 유혹은 강력하다. 선택지가 있는 건 좋지만 너무 많은 선택지는 과부하를 낳고 좋은 결정을 내리는 데 방해가 된다. 이런 현상을 보여주는 유명한 사례가 있다. 마트 시식 코너에 여섯 가지 맛의 잼을 전시한 시식 부스와 스물네 가지 맛의 잼을 전시한 시식 부스가 있을 경우, 소비자들은 가짓수가 적은 부스보다 많은 부스 앞에서 발걸음을 멈출 가능성이 높다. 그런데 상품 구매 가능성은 오히려 가짓수가 적은 부스 쪽이 열 배나 높다. 더 큰 선택지가 소비자를 우유부단하게 만들기 때문이다.

로맨스에 대해 이와 비슷한 방식으로 연구한 결과에 따르면 사람들은 온라인 데이팅 프로필을 많이 검색할수록 우유부단해지는 듯하다. 최근에는 피실험자들에게 잠재적 파트너 네 명의 프로필을 보여주거나 스무 명의 프로필을 보여준 연구가 있었다. 그랬을 때 더 많은 선택지를 접한 사람들은 정보를 잘못 기억할 가능성이 높았다. 프로필 수를 최고 64개까지 늘리자 이용자들은 시간이 갈수록 다수의 신호를 처리하고 통합하는 시간 소모적 선택 전략에서, 얼마 안 되는 요소만 검토하고 이 요소들의 효과적 결합을 포기하는 소박한 전략으로 옮겨갔다.

온라인 데이터들의 만족도가 프로필을 많이 본 후에 높은지, 적게 본 후에 높은지 아직 밝혀지지 않았지만 수많은 옵션은 오히려 주어진 선택지에 대한 낮은 만족도로 이어진다는 연구 결과가 있다. 예를 들면 어느 실험에서 6개의 초콜릿 중 한 개를 고른 사람들은 30개의 초콜릿 중 한 개를 고른 사람들보다 초콜릿이 훨씬 맛있다고 느꼈다. 이로 미루어보아 소수의 잠재적 파트너 중에서 선택한 온라인 데이터들은 다수의 잠재적 파트너 중에서 선택한 온라인 데이터들보다 함께 저녁 식사를 하게 된 상대방에게 만족할 가능성이 높다고 유추할 수 있다.

이런 인지 편향을 막기란 어렵지만 불가능한 일은 아니다. 스스로 얼마나 많은 프로필을 검색했는지 염두에 두고 시간제한을 하는 것도 방법 가운데 하나로 관리할 수 있는 단위의 프로필만 검토하는 것이다. 다시 말해 20명의 프로필을 보았다면 그중 한 사람에게는 반드시 연락하는 것을 원칙으로 삼는다. 그 프로필 뒤에는 생생한 살과 피로 이루어진, 온라인에서는 놓치기 쉬운 뉘앙스와 깊이를 가진 사람이 있음을 잊지 말자.

프로필 속 사람과의 실제 만남을 상상하라

사람들은 또한 만남의 방식에 따라 로맨틱함에 대한 기대를 달리하는 경향이 있다. 로맨스의 영역을 대상으로 하지 않는 수많은 연구에 따르면 구체적 가능성을 개별적으로 평가하는 분리 평가 마음가짐(seperate evaluation mind-set)일 때와 다수의 옵션을 나란히 비교하는 합동 평가 마음가짐(joint evaluation mind-set)일 때 사람들이 중시하는 특성이 달라진다.

대학 신입생의 기숙사 배정을 놓고 이러한 생각을 검토한 연구가 있다. 학생들은 열두 군데 기숙사 중 어느 곳에 무작위로 배정될지 모르는 상태에서 건물 위치와 방 크기 등 물리적 특징이 장래의 만족도에 강력한 영향을 미칠 거라고 예측하는 경향을 보였다. 결국 이런 특성 중 무엇도 그들의 만족도를 정확히 알아맞히지 못했다. 대신 룸메이트와의 관계, 기숙사의 사회적 분위기 등 경험상 특성이 기숙사의 모든 물리적 특성을 압도했다.

기대와 현실의 이러한 불일치에 대해서는, 신입생들이 예측할 때는 합동 평가 마음가짐이었고, 배정된 기숙사에 살 때는 분리 평가 마음가짐이었다는 말로 설명할 수 있다. 신입생들은 기숙사에 들어오기 전에는 중요하지 않은 물리적 변수에 민감했다. 평가하기가 쉬웠기 때문이다. 잠재적 연애 상대의 프로필을 훑어보는 것도 합동 평가 마음가짐을 이끌어낼 가능성이 있다. 그럴 경우 평가하기는 쉽지만 서로의 어울림에는 그다지 중요하지 않은 특성을 중시할 수 있다. 실제로 프로필을 들여다보면 행복한 관계를 만들어줄 경험적 특성과는 대체로 무관한 알아보기 어려운 내용이 가득하다. 예를 들면 교육 수준이나 육체적 매력은 프로필만으로 쉽게 평가할 수 있지만, 라포 (rapport)와* 매력은 얼굴을 맞대고 만나야 평가할 수 있다.

*상호 신뢰하며, 감정적으로 친근감을 느끼는 인간관계.
**상대가 내 목표를 달성하는 데 도움이 될 것인가 아닌가를 기준으로 결정을 내리려는 태도.

합동 평가는 또한 이른바 평가 마음가짐을 강화하는 반면에 이동 마음가짐(locomotion mind-set)을** 약화시킬 수 있다. 평가 마음가짐인 사람은 대안이 많아도 하나의 구체적 옵션을 중요하게 평가한다. 이동 마음가짐인 사람은 예를 들면 호감이 가는 사람 등 특정한 선택에 초점을 맞추고 그것을 강력하게 추구한다. 모든 데이팅이 일정 정도 평가와 관련되는 것은 확실하다. 그런데 엄청나게 많은 온라인 데이팅 프로필을 나란히 놓고 비교하는 행위는 전체적인 집단에는 강력한 평가 마음가짐을, 특정한 사람에게는 미약한 이동 마음가짐을 유발하는 듯하다. 짬을 내어 온라인 프로필에 있는 사람과 얼굴을 맞대고 이야기하는 장면을 상상함으로써 이런 문제적 마음가짐을 물리칠 수 있다. 사회적 상호작용을 정신적으로 상상하면 덜 평가적이 되고, 상대방과 나의 어울림을 다양한 방식으로 생각해볼 수 있다. 선택 과부하를 관리할 때처럼 하나의 프로필을 너무 많은 프로필과 비교하느라 시간을 낭비하지는 말자.

파트너 찾기는 온라인 쇼핑과는 다르다

온라인 데이터들은 대체로 눈이 높은 편이다. 그들은 객관적으로 볼 때 훌륭한 개인을 엄청난 비율로 접촉한다. 현실 세계에서라면 한 파티의 참석자 모두가 한 매력적인 개인을 집중적으로 공략하는 일은 없을 것이다. 그런데 온라인에서는 실제로 그런 일이 일어난다. 한 사람이 얼마나 많은 관심을 받고 있는지 데이터상으로는 볼 수 없기 때문이다. 이렇게 쏟아지는 관심을 받는 사람이 모든 이메일에 답할 가능성은 낮으므로 이메일을 보낸 사람은 좌절감을 맛본다.

사이트에 접속한 일부 데이터들의 의식적·무의식적 태도가 그러한 문제의 발생에 일조하는 듯하다. 2010년의 한 연구에서 조지타운대학 레베카 하이노 (Rebecca Heino)와 동료들은 온라인 데이팅을 '관계 쇼핑'이라고 불렀다. 쇼핑이라는 비유는 적절해 보인다. 자포스닷컴에서 250mm 신발을 찾는 것처럼 온라인 데이터들은 수입, 머리카락 색깔 등의 특성을 기준으로 프로필을 뒤지며 파트너를 찾아다닌다. 유머감각이나 라포처럼 누가 뭐래도 더욱 중요한 요인은 무시당한다. 그러한 쇼핑 정서를 다음과 같이 묘사한 온라인 데이터도 있다. "카탈로그를 보며 상품을 고를 때처럼 '이 여자로 결정했어'라고 말하죠." 또 다른 온라인 데이터도 이에 동의한다. "나는 맘껏 고르고 원하는 사이즈를 선택할 수 있어요. 차를 살 때처럼 필요한 옵션들을 찾는 거죠."

이러한 정서는 로맨스에 관해서라면 스스로에게 얼마나 무지한지 드러낸다. 온라인 데이터의 프로필을 평가하는 실험에서 참가자들은 자신의 선호에 부합하도록 조작된 프로필의 소유자에게 강한 매력을 느꼈다. 그러나 실제로 잠시 동안 프로필의 소유자와 상호작용을 한 후에는, 자신이 이상형으로 설정한 요소가 로맨스를 예측해주지 못한다는 것을 깨달았다. 이런 실험에서 몇 가지 사실을 알 수 있다. 우선 데이터들은 대체로 자신이 갈망하는 사람이 늘 똑같다고 생각한다. 더욱이 그들은 실제 삶에서 무엇에 매력을 느낄지 예측하는 데 서툴다. 마지막으로 프로필에 쉽게 접근함으로써 잠재적 파트너를 허황되게 평가하게 되어 이런 경향이 심화된다.

'문서상' 가장 바람직해 보이는 사람에게 접근하기보다는, 일부 데이터에게만 어필할 가능성이 높은 독특한 특성을 찾아보자. 가능하면 프로필에서 도망쳐 나와라. 아니, 애초에 거기서 너무 많은 것을 기대해서는 안 된다. 결국 내가 누구에게 빠지게 될지, 그리고 누가 내게 그 사랑을 되돌려줄지 열린 마음을 유지하고 바라보라.

데이트 시작에 너무 뜸을 들이지는 말 것

온라인 데이팅 사이트 이용자들은 이메일과 온라인 채팅 같은 간편한 방법으로 유망한 데이트 상대들과 소통할 수 있다. 꿈에 부푼 데이터라면 이메일 주소를 알려주거나 전화통화를 하기 전에 이 같은 방법을 이용해 대화를 해볼 필요가 있다. 순조롭게 이런 상호작용이 이루어진 후에는 대체로 개인적 만남에 대한 합의가 빠르게 이루어진다.

불행히도 끝내 꽃피울 기회를 얻지 못한 매치(match)도 많다. 모든 프로필이 돈을 낸 유료 이용자의 것이 아니기도 하고 프로필은 올려놓았지만 활동하지 않는 이용자도 있다. 게다가 초기 시도에 시큰둥하게 반응하는 사람들도 많다. 남자들은 데이팅 사이트에서 받는 메시지 네 통 중 한 통에, 여자들은 여섯 통 중 한 통에 응답하는 것으로 드러났다. 열정적으로 응답한다고 해서 매력이 떨어지지는 않는다는 점은 다행스럽다. 응답이 빠를수록 상호 소통이 지속될 가능성은 높았다. 그러니 뭔가 될 가능성이 보이면 너무 비싸게 굴지는 말자.

처음 이메일을 보낼 때 조금 더 노력하면 보람 있는 결과로 이어질 수 있다. 온라인 데이트자 3,657명이 보낸 최초의 이메일 16만 7,276통을 언어적으로 분석한 결과, 대명사 '나(I)'나 여가에 관련된 '영화(movie)' 등의 단어보다는 대명사 '당신(you)'이나 사회적인 단어 '관계(relationship)' '도움이 되는(helpful)' 등을 많이 사용한 이메일이 응답받을 가능성이 높았다.

막 시작된 이 단계에서는 여전히 관계가 깨어지기가 쉽다. 데이트 준비에 너무 뜸을 들이지는 말자. 데이팅 사이트의 메시징 시스템 밖에서 소통을 시작하는 쌍들은 대부분 일주일이나 한 달 이내에 직접 만난다. 그렇게 하는 것이 현명하다는 것을 보여주는 두 건의 연구가 2008년에 있었다. 이메일이나 온라인 채팅은 두 사람이 서로 만났을 때 상대방의 매력을 높여주지만 지나치면 과도한 기대감에 부풀게 한다.

결국 연애 관계의 시작 전, 얼굴을 맞대고 가늠해보아야만 하는 무언가가 있다. 학자들은 그게 무엇인지 정확히 알아내려고 노력한다. 아마도 경험적 특성, 화학작용과 본능에 대한 평가 등의 교차점에 있는 그 무엇이리라. 심지어 다른 식으로는 얻을 수 없는 후각 같은 감각경험에 기반한 정서적 반응도 있다. 직접적 만남은 친밀감이 깊어지기 전의 중요한 확인 요소로 작용한다. 온라인 왕래에 비해 현실 세계가 배경인 곳에서는 중요한 특성을 잘못 해석할 가능성이 적어진다.

매칭 알고리즘은 과학적으로 검증되었을까?

전매특허인 매칭 알고리즘을 이용해 잘 어울리는 상대와 짝지어주겠다고 약속하는 유명한 데이팅 사이트들이 있다. 그런데 불행히도 여태껏 이런 주장을 뒷받침할 증거를 내놓은 회사는 없다. 그러니 이용자들은 서비스 가입에 필요한 상당한 비용을 투자하기 전에 미리 그 점을 고려하기 바란다.

데이팅 사이트 알고리즘은 신경증적 성격, 약물 남용 전력 등의 개인차를 가늠하여 관계의 문제에 관한 위험성을 미리 알아내는 긍정적 면이 있다. 남달리 타인과 친밀한 관계를 유지하는 사람들이 있는데 온라인 데이팅 사이트는 이런 유형의 특성을 분석해 효율적이고 실질적 방식으로 관계에 재능이 없는 사람을 걸러낼 수도 있다. 여러분이 제거되는 불운한 사람 중 하나가 아니라면 아마도 유용한 서비스일 것이다.

그런데 알고리즘 기반 매칭 사이트에서 이용자에게 약속한 혜택을 생각하면 이런 필터링 서비스도 별것 아니다. 그들은 고객과 잘 어울리는 짝을, 심지어 소울메이트를 찾아주겠다고 약속하지만 두 가지 단순한 이유에서 그러한 주장을 액면 그대로 받아들이기 어렵다. 첫째, 어떤 매칭 사이트도 그러한 알고리즘이 효과적이라는 강력한 과학적 증거를 내놓지 못했다. 둘째, 관계에 대해 몇십 년 단위로 연구한 바에 따르면 관계의 운명을 결정하는 가장 중요한 요인은 오로지 그 한 쌍이 만남을 가진 후에야 나타난다. 그 커플이 인간관계에서 갈등을 해결하는 법, 예측하지 못한 사건에 반응하는 법, 좋은 소식을 공유하는 방식 등이다. 그간 야심이나 창의성을 보여주기에는 부족했던 매칭사이트들의 접근법은 직접 만나지 않아도 알 수 있는 개인의 특성에만 의존한다. 그 결과, 이러한 알고리즘으로는 서로 데이트를 하는 낯선 사람들이 디저트까지 같이 먹을지, 아니면 이내 계산서를 찾을지 예측하기가 어렵다. 두 사람이 오래오래 행복하게 살 수 있을지 문제는 이들 소관 밖의 일이다.

안타깝게도 이런 매칭 사이트들은 마음만 먹으면 그들의 알고리즘이 실제로 작용하는지 너무나 쉽게 검증할 수 있다. 매칭 사이트 소유주들이 제약산업의 경우처럼 연방정부의 특허 보호하에 그들의 비밀 소스를 밝힌다면, 과학자들은 온라인 데이터를 네 실험 조건 중 하나에 무작위로 배정해 유효성을 검증할 수 있을 것이다. 대기 명단 대조군(wait-list control group)에 속한 사람들에게는 어떤 개입도 하지 않는다. 자기들이 그 사이트의 알고리즘을 통해 매칭되고 있다고 믿는 플라세보 대조군(placebo-control group)은 실제로는 무작위로 매칭된다. 관계 적성 대조군(relationship-aptitude)에 속한 데이터들은 관계에 능숙한, 다시 말해 딱히 신경증적이지 않은 사람들과 짝지어진다.

마지막으로 알고리즘 집단(algorithm)에 속한 사람들은 그 사이트의 매칭 기술이 선택한 프로필들을 보게 된다.

네 번째 집단에 속한 피실험자들이 다른 세 집단에 비해 바람직한 연애 상대를 만났다면 이는 알고리즘의 효과를 입증하는 사실이 될 것이다.

그들의 가치를 증명할 방법을 이처럼 반복적으로 설명해왔는데도 어떤 매칭 사이트도 이를 실행하거나 독립적 학자들의 연구 수행을 허락지 않았다는 점이 미심쩍다. 과학을 이용한다고 주장하는 매칭 사이트들이 실제로는 최소한의 적절한 실험도 수행하지 않는다면 프리미엄을 지불하면서까지 그런 서비스를 이용하는 것이 직질한지 다시 생각해볼 일이다.

온라인 데이팅 서비스의 미래는?

온라인 데이팅 서비스는 어떤 면에서 경이롭기까지 하다. 그들은 고객이 다른 방법으로는 결코 얻지 못할 잠재적 로맨스의 자원에 접근하게 해준다. 고객은 지리학적·사회적 네트워크의 경계선을 마음껏 초월할 수 있다. 사회적으로 불안하거나, 마음이 맞는 파트너를 찾으려고 애써왔거나, 최근에 낯선 도시에 이사 온 사람들같이 이 서비스가 가장 필요한 사람들에게는 이러한 혜택이 매우 강점이 된다.

의사 결정이 힘든 조건에서 다소 흔들릴지 몰라도 실제로 사람들은 희소한 정보에서 개인적 특성을 뽑아내는 데 꽤 능숙하다. 사진을 잠깐 보는 것만으로도 사람들은 사진 속 인물의 실상을 정확하고 폭넓게 평가한다는 연구 결과가 있다. 예를 들면 《포춘(Fortune)》 1,000대 기업 최고경영자들의 얼굴 스 냅사진을 보고 그들의 리더십 능력을 평가하는 연구에서 피실험자들의 평가 는 그 회사의 수익과 강한 연관 관계를 보였다. 하지만 사람들은 자신이 사진 속 사람과 어울리는지 판단하는 재주는 없다. 불행히도 온라인 데이팅 사이트 도 아직 그런 능력을 보여주지 못했다.

온라인 데이팅 사이트는 세상에 행복을 가져올 독특한 기회를 제시한다. 이 산업은 여전히 유아기에 있는데 그 때문에 아직은 결점이 많을 수밖에 없 을지도 모른다. 이런 서비스는 바람직한 관계의 과학을 아우르면서 차츰 진화 하고 향상될 것이다. 바람직한 기술로 철저하게 집행될 때 이러한 도구는 외 로운 몇백만 명의 사랑 찾기를 도울 수 있다.

2-2 온라인 데이팅의 진실

로버트 엡스타인

몇 년 전 온라인에서 알고 지내던 여성과 직접 만나서 커피를 마시기로 약속한 적이 있다. 약속 시간보다 일찍 도착한 나는 눈에 잘 띄는 자리에 앉았다. 몇 분 후 한 여성이 다가와 활짝 웃으며 자리에 앉더니 "안녕하세요, 크리스예요!"라고 인사했다.

그런데 크리스는 온라인의 사진과는 완전히 다른 여성이었다. 나이나 헤어스타일 문제가 아니었다. 크리스는 마케팅 전문가였고 그녀에게는 가능한 많은 '고객'을 끌어올 사진은 좋은 마케팅 전략일 뿐이었다. 나는 사진에 관해서는 입도 뻥긋하지 않았다. 그저 그녀와 즐겁게 대화하며 기분전환을 했다. 몇 주 후에 나는 크리스가 이전의 사진 대신 또 다른 여성의 사진을 올렸음을 알게 되었다.

미국에서만 몇천 만 명이 매일 온라인으로 데이트 상대나 배우자를 찾으려 애쓴다. 그들은 광고를 얼마나 신뢰할까? 그리고 온라인 데이팅은 기존 데이팅에 비해 얼마나 성공적일까? 최근 사회과학 연구에서 이런 질문을 던지는 것이 자그마한 붐이 되었다. 온라인 데이팅의 새로운 세계에 관한 수많은 놀라운 사실을 속속 드러내는 연구들이 있다. 이렇게 밝혀진 사실은 사랑을 찾고자 인터넷을 뒤지는 몇백만 명에게 매우 가치 있을지도 모른다.

2 - 현대 세계에서 데이트하기

63

사이버공간 속의 기만

내가 크리스에게 겪은 일들은 수없이 되풀이된다. 온라인에서 나이, 결혼 여부, 자녀, 외모, 수입, 직업 등에 관해 과감한 거짓말을 하는 사람들이 있다. 불만 신고 사이트 www.DontDateHimGirl.com이 생겨날 정도다. 실망한 구애자들이 온라인 서비스에 소송을 제기하는 사건까지 있었다. 그렇다면 온라인 데이팅에서의 거짓말은 얼마나 심각할까?

'거짓말'이 구애에서 일정한 역할을 해왔다는 맥락 속에서 이 이슈를 살펴보자. 상대방 취향대로 좋아하지도 않는 취미를 들먹이거나 날씬해 보인다고 상대방을 안심시키는 등 애인 만들기에 성공하려면 사소한 거짓말이 필수라고 보는 사람도 있다.

사이버공간은 수많은 가능성에 열려 있다. 보스턴대학과 매사추세츠 공대의 미디어 연구자 지나 프로스트(Jeana Frost)의 설문조사 결과, 온라인 데이터의 약 20퍼센트가 거짓말을 했다고 털어놓았다. 한편 그들에게 다른 사람들은 어느 정도나 거짓말을 할 것 같은지 물어보면 그 수치는 90퍼센트로 껑충 뛰어오르는데 이것이 진실에 가까울 것이다.

스스로 보고하거나 특히 단점을 털어놓은 데이터는 미덥지 못하므로 온라인에서의 거짓말을 객관적으로 수량화하고자 한 연구자들이 있다. 코넬대학 심리학자 제프리 핸콕(Jeffrey Hancock)과 미시건주립대학 커뮤니케이션학과 교수 니콜 엘리슨(Nicole Ellison)은 사람들을 연구실로 데려와서 키와 몸무게를 잰 후 온라인 프로필과 비교했다. 그들의 온라인 프로필은 평균 약 2킬로그램가량 몸무게를 덜어내고 키는 2센티미터가량 부풀린 상태였다. 엘리슨은 거짓말은 "무척 흔하긴 해도 강도는 약하다"고 말한다. 한편 키가 작고 살이 찐 사람일수록 거짓말 강도가 높아지는 것으로 드러났다.

거짓말 관련 데이터를 객관적으로 수집하려는 시도는 또 있다. 시카고대학 경제학자 군터 히치(Guenter Hitsch), 알리 호타슈(Ali Hortaçsu), 매사추세츠공대 심리학자 댄 애리얼리(Dan Ariely)는 온라인 데이터의 키와 몸무게를 전국적 인구통계 자료와 비교해보았다. 온라인에서는 남녀 모두 2센티미터밖에 키를 과장하지 않았는데 이는 핸콕, 엘리슨과 마찬가지 결과였다. 여성은 나이가 들수록 몸무게를 줄이는 경향이 있었다. 20대는 2킬로그램, 30대는 7.7킬로그램, 40대는 8.6킬로그램가량 몸무게를 줄였다.

남성은 주로 학력, 수입, 나이, 키, 결혼 여부를 속였다. 온라인 남성 데이터 가운데 적어도 13퍼센트는 기혼자인 듯하다. 여성은 주로 몸무게, 외모, 나이를 속였다.

관련된 모든 연구를 종합할 때, 온라인 데이터들은 프로필 사진이 없으면 부정적 단서로 해석했으며 남녀 모두 외모를 중시했다. 최근의 설문조사에 따르면 프로필 사진이 없는 남성에 대한 응답률은 사진이 있는 남성의 4분의 1가량이었고, 프로필 사진이 없는 여성에 대한 응답률은 사진이 있는 여성의 6분의 1가량이었다.

미국의 풍자작가 개리슨 케일러(Garrison Keillor)의 팬이라면 공영 라디오에서 허구의 마을 레이크 워비건(Lake Wobegon)에 관해 들어보았을 것이다.

그곳의 "모든 여성은 힘이 세고, 모든 남성은 잘생겼으며, 모든 아이들은 평균 이상이다." 온라인 데이팅 커뮤니티에서도 비슷한 규칙이 적용된다. 온라인 데이터의 겨우 1퍼센트만이 자신의 외모를 '평균 이하'로 적었다는 연구 결과도 있다.

거짓말로 '이상적 자아' 구축하기

온라인에서 정직하지 못한 이유는 무엇일까? 카네기멜론대학 새러 키슬러 (Sara Kiesler)와 동료들은 1980년대 말에서 1990년대 초반 "컴퓨터를 통한 커뮤니케이션은 본질적으로 자의식을 덜어준다"는 이론을 내세웠다. 온라인에서 사람들은 하고 싶은 말을 마음대로 한다는 뜻이다. 대체로 실명보다는 익명으로 잡설을 늘어놓으며 사회적 규범에도 제약받지 않는다. 온라인에서는 눈에 보이는 커뮤니케이션 제스처나 눈썹 들어올리기, 찡그림 등 상대방의 반응에 신경 쓰이는 육체적 신호나 반응이 없다. 그 결과 온라인 데이터는 현실의 자아 대신 '이상적 자아(ideal self)'를 구축하는 경향이 있다. 엘리슨과 그의 동료들인 럿거스대학 제니퍼 깁스(Jennifer Gibbs), 조지타운대학 레베카 하이노(Rebecca Heino)가 명명한 말이다. 심지어 온라인 데이터는 진실을 말해놓고 후회하기도 한다. 정직한 말이 나쁜 인상을 주었을까봐 걱정하기 때문이다. 특히 부정적 특질에 관해서 그러하다.

거짓말에는 단순히 실리적 이유도 있다. 연봉 25만 달러 이상이라고 주장한 남성에 대한 응답률은 연봉 5만 달러라고 주장한 남성에 대한 응답률보다

151퍼센트 높았다. 실제보다 훨씬 적은 나이를 쓰고 그 사실을 숨기지 않는 여성도 많다. 검색에 노출되기 위해 나이를 적게 썼다고 프로필 창에 버젓이 적기도 한다(나이 제한을 검색 조건으로 이용하는 남성들 때문에 나이가 많으면 아예 검색에서 누락된다).

나는 최대의 온라인 매치메이킹 서비스 Match.com의 전국 데이터 베이스에서 연구 조수 레이첼 그린버그(Rachel Greenberg)와 함께 남녀 각 1,000명을 무작위로 선정해 나이 문제를 살펴보았다(회사 웹사이트에서는 현재 회원만 1,500만 명이고, 매일 2만 명씩 가입한다고 주장한다). 우리는 미국 문화에서 민감하게 여기는 29세부터 나이 분포에 뚜렷한 패턴이 나타나는지 관찰했다. 남성의 경우 32세 분포 지점에 작은 산이, 36세 분포 지점에 커다란 산이 나타났다. 스스로 36세라고 칭한 남성 수는 37~41세 남성의 평균 빈도보다 극적으로 높았다.

여성의 경우 29세, 35세, 44세에 뚜렷한 산이 세 개 나타났다. 29세라고 주장하는 여성의 수와 30~34세라고 주장하는 여성의 평균 빈도는 우연으로 기대할 법한 수치보다 거의 여덟 배 높았다. 확실히 특정 나이의 여성은 자신의 나이를 밝히기를 꺼리는 듯하다. 그리고 특정한 나이가 특별히 호소력을 지닌다는 것도 분명하다. 우리의 문화가 씌우는 오명에서 자유로운 특정한 나이가 있기 때문이다.

온라인 테스트로 소울메이트를 찾을 수 있을까?

나는 거의 30년 동안 연구자로 일했고 그 절반은 테스트를 설계하면서 보냈다. 사람들에게 소울메이트를 찾아준다는 온라인 테스트의 과장광고를 보면 이렇게 자문하게 된다. "도대체 그런 테스트가 어떻게 가능할까?"

실상 그러한 테스트는 존재하지 않는다는 것이 진실이다.

어떤 심리검사를 진지하게 실시하려면, 과학자는 두 가지 장애물을 완벽히 극복해야 한다. 첫째, 검사가 믿음직해 보여야 한다. 안정적 결과에 대한 믿음을 주어야 한다는 뜻이다. 둘째, 검사 측정 대상의 측정치가 유효하다는 사실을 입증해야 한다. 짝짓기 테스트의 경우, 이를 통해 연인이 된 사람들이 실제로 성공적인지를 보여주면 유효하다고 볼 수 있다.

검사 신뢰성을 구축하기 위한 기준은 매우 엄격하다. 일단 관련 데이터가 수집되면 결과는 통상적으로 정밀 조사를 위해 학계에 제출된다. 최종적으로 (그 분야에 조예가 깊은 연구자들이 검열한) 공동 심의 보고서가 학술 전문지에 발표된다.

몇몇 온라인 서비스는 자기네 회사가 강력하고 효과적이고 '과학적'인 매치메이킹 테스트를 보유한다고 주장한다. 가장 유명한 회사를 들면 임상심리학자 닐 워렌(Neil Warren)이 선전하는 이하모니닷컴(eHarmony.com), 워싱턴대학 사회학자 페퍼 슈워츠(Pepper Schwartz)가 미는 퍼펙트매치닷컴(PerfectMatch.com), 럿거스대학 인류학자 헬렌 피셔(Helen Fisher)가 뒷받침하는 케미스트리닷컴(Chemistry.com : Match에서 최근 파생한 사이트) 등이 있다.

그런데 그들이 제공하는 테스트 중에서 앞서 말한 외부의 과학적 검사를 받은 것은 전혀 없다.

왜 이하모니처럼 2,000만 회원을 불러 모았다고 주장하는 큰 회사가 '과학적인, 29차원' 검사를 학계에 제출해 과학적으로 인정받으려 들지 않을까? 이하모니의 한 직원은 자기네 회사를 통해 결혼한 부부는 다른 커플들보다 행복하다고 주장하는 논문을 2004년 전국 학술대회에 제출했다. 공동 심의를 받는 학술지에 잡지 수록을 목적으로 논문을 제출하는 것이 그다음 단계다. 그러나 이 논문은 아직 실리지 않았는데 아마도 빤한 오류들 때문일 것이다. 가장 심각한 문제는 이 연구에서 이하모니 커플의 평균 결혼 기간이 6개월이었던 반면에 대조군 부부의 평균 결혼 기간은 2.1년으로 허니문 기간을 한참 지났다는 사실이다. (이하모니 창립자 닐 워렌을 포함해 어떤 직원도 이에 대한 인터뷰 요청에 응하지 않았다.)

이하모니는 자사의 서비스 덕분에 미국에서 자사 회원 중 평균 236명이 매일 결혼을 한다고 주장한다. 얼핏 듣기에는 대단해 보이지만 실상은 그렇지 않다. 미국정신의학회(American Psychiatric Association, APA) 전임회장 필립 짐바르도(Philip Zimbardo)를 포함해 신망 있는 권위자로 이루어진 연구팀은 2005년 이하모니가 자체적으로 발표한 통계를 이용해 온라인 보고서에서 다음과 같이 결론을 내렸다. "이하모니가 누군가를 어울리는 짝으로 추천할 때 이 사람과 결혼할 확률은 500분의 1이다. 이하모니가 한 달에 1.5회 데이트를 주선한다는 사실을 감안하면 그들 모두와 데이트할 때 결혼할 확률이 50퍼센트에 도달하려면 346회 데이트를 해야 하고, 그러기 위해서는 19년이 걸린다." 연구팀에서는 또한 다음과 같은 포괄적 관측을 내놓았다. "과학적 심리학이 행복하고 오래가는 결혼 생활을 누릴 짝을 개개인에게 매치해줄 수 있다는 증거는 전혀 없다."

이 일은 얼마나 어려울까. 예를 들면 대다수 온라인 매칭은 다양한 면에서 '비슷한' 사람을 짝지음으로써 이루어진다. 그렇지만 주변을 둘러보면 닮음이 반드시 관계에서 성공을 예측하는 요인이 아님을 알 수 있다. 더러는 정말로 강렬하게 극과 극끼리 끌리기도 한다. 온라인 테스트가 어떻게 비슷한 사람과 짝지을지, 다른 사람과 짝지을지, 아니면 어떤 마법의 혼합이 필요할지 결정하겠는가?

마침내 인증된 예측검사들이 온라인에 등장했다 해도, 그런 테스트가 두 사람의 만남 후에 더없이 중요한 '케미스트리(chemistry)'가 작용하는 느낌을 예측할 수 있을까? 남녀 모두 외모를 중시한다는 명백한 연구 결과가 있는데도 이하모니가 회원들의 신체 유형도 묻지 않는다는 건 대단히 기묘한 사실이다.

온라인 검사의 가장 큰 문제는 '거짓 음성* 문제(false negative problem)'다. 누구를 만나고 만나지 않을지 미리 결정하는 검사는 서로 좋아할 수밖에 없는 특정인들을 만나게 해주는 데 필연적으로 실패한다. 캘리포니아주립대학 도밍게즈 힐스의 심리학자 래리 로젠(Larry D. Rosen)은 말한다. "연구 결과 겨우 30퍼센트의 사람들만이 (온라인 테스트를) 이용합니다. 그들 대다수

*통계상 실제로는 양성인데 음성이라고 잘못 나온 검사 결과를 말한다.

도 그게 헛소리라고 생각합니다."

희망을 부풀리는 온라인 데이팅 회사들

매치(Match), 이하모니, 트루와 야후!(True and Yahoo!), 퍼스널스(Personals) 등 규모 있는 온라인 데이팅 서비스 회사는 (회원들 사이의 교집합이 비교적 적다고 할 때) 5,000만 명 이상의 미국인이 서비스를 이용하며 만족도가 높다고 광고한다. 그런데 최근의 독립적 연구에 따르면 2005년 말 현재 겨우 미국인 1,600만 명만 온라인 데이팅 서비스를 이용하며 만족도도 낮은 것으로 드러났다. 주피터리서치(Jupiter Research)가 2,000명 이상을 대상으로 전화 설문 조사를 한 결과에 따르면 "이용자 중 온라인 퍼스널스 사이트에 아주 만족하거나 대체로 만족한다고 보고한 비율은 고작해야 4분의 1 정도"였다. 퓨 인터넷 앤 아메리칸 라이프 프로젝트(Pew Internet & American Life Projects)가 수행한 또 다른 대규모 조사에서는 인터넷 사용자 66퍼센트가 온라인 데이팅을 '위험한 활동'으로 생각한다는 것이 밝혀졌다.

매치에서 오랫동안 대변인 생활을 한 후 인게이지 닷컴(Engage.com) 경영진이 된 트리시 맥더못(Trish McDermott)은 매치 같은 큰 회사에서 회원이 1,500만 명이라고 광고하지만 실제 유료 회원은 100만 명도 안 되기에 회원수에 혼선이 생긴다고 말한다. 온라인에 전체 프로필이 올라와 있는 회원은 중요한 마케팅 유인책이긴 해도 이메일에 응답하지는 못한다. 이는 많은 유료 회원이 이메일을 보내고 응답받지 못해 좌절하는 이유다. 프로필이 실린 사람들 가운데 수많은 사람들이 응답할 수 없는 것이다.

필자는 온라인 데이팅에 관해 우려되는 점을 '클릭 문제'라고 부른다. 미국에서는 '헌신'이 문제가 되는데 초혼의 약 절반, 재혼의 약 3분의 2가 이혼으로 끝나는 것도 헌신 문제와 관련이 있다. 온라인 데이팅은 어쩌면 상황을 악화시킬지도 모른다.

할리우드에서 펼쳐지는 드라마와는 달리 장기적 관계에는 인내심과 숙련됨, 노력이 필요하다. 불행히도 사이버공간에는 충분히 긴 목록이 있고 행동은 빨리 할 수 있어서 잠재적 파트너의 사소한 불완전성도 참아주려는 사람을 찾기 힘들다. 작은 키, 유행 지난 구두, 재미없는 농담은 즉각 무시받는다. 간단히 뒤로 가기를 눌러버리면 그만이다. 그 자리를 대신할 잠재적 파트너가 몇만 명은 되니까.

소셜 네트워크와 가상 데이트의 결합

문제점이 없진 않지만 온라인 데이팅과 매치메이킹의 미래는 밝아 보인다. 이에 대한 관심이 급속히 커져가고, 뜨거운 경쟁 덕분에 서비스에서도 눈에 띄는 변화가 예상된다. 온라인 데이팅은 2001년 4,000만 달러, 2008년에는 6억 달러 규모의 비즈니스였다. 800개 이상의 기업이 이 돈을 놓고 경쟁한다.

온라인 데이팅 모델은 이미 발달하고 있다. 1단계, 긴 목록(Long Bar) 모델은 매치, 트루, 야후퍼스널스(YahoofiPersonals) 등이다. 2단계, 롱 테스트(Long Test) 모델은 이하모니, 퍼펙트매치 등이다. 이미 3단계도 시작되었다.

인게이지는 회원들이 친구와 가족을 온라인으로 데려오게 해준다. 그들 모두는 프로필을 둘러보고 파트너를 확인한 후 매칭에 참여할 수 있다. 회원들은 또한 상대방 프로필의 정확성과 정중함에도 평점을 매길 수 있다. 이는 온라인 매칭에서의 새로운 '커뮤니티' 접근법으로 사이버공간에 만연한 거짓말을 자연주의적·사회적으로 교정하는 방법이다.

커뮤니티 접근법은 걷잡을 수 없이 뻗어나가는 페이스북(Facebook), 프렌드스터(Friendster), 마이스페이스(MySpace) 같은 소셜 네트워크 사이트에서도 뚜렷이 나타난다. 마이스페이스 한 군데만 회원이 1억 명 이상이다. 비록 소셜 네트워크 사이트는 주로 젊은 사람들이 이용하고 엄밀히 말해 데이팅 사이트가 아니지만, 그들은 이곳에서 생성되는 어떤 데이팅에도 커뮤니티를 개입시킨다. 이하모니, 매치 등 거대 데이팅 사이트에서는 완벽한 사회적 고립 속에서 데이팅이 이루어지는데 엘리슨과 이 분야 연구자들이 가장 우려하는 점이다.

온라인 데이팅의 다음 단계인 '가상 데이팅'은 이미 개발 중이다. 프로스트, 애리얼리, 하버드대학의 마이클 노튼(Michael I. Norton) 등의 연구자들은 매사추세츠공대 연구소에서 개발한 특정 소프트웨어를 실험해보았다. (컴퓨터로만) 교류했던 사람들이 가상 박물관 견학 후에, 오로지 프로필만 보았던 사람들에 비해 성공적인 만남을 보고했다. 가상 데이팅은 사람들이 직접적 만남을 꺼리게 하는 안전 문제도 관리해준다.

한 걸음 더 나아가보자. 매칭된 커플은 파리 샹젤리제의 로맨틱한 가상 카페에서 만난다. 이 아름다운 곳을 배경으로 교류하며 온라인에서 서로를 보고 듣는다. 온라인 데이팅을 연구하는 캘리포니아대학 버클리 캠퍼스의 박사 연구생 앤드류 피오르(Andrew Fior)는 심지어 몇 년 후면 그러한 경험에 생리학적 신호를 접목하리라 예상한다. 이것이 실현되면 가상 데이트를 하며 파트너의 심장박동을 듣게 될 수도 있다.

커뮤니티 기반 매치메이킹과 풍요로운 가상 데이트의 결합은 아마도 인터넷을 인류 역사상 가장 큰 중매쟁이로 바꿔놓을지도 모른다.

나이에 관한 거짓말

Match.com에서는 남녀 각 1,000명의 프로필을 무작위로 추출해 나이 히스토그램을 만들었다. 이 히스토그램에서는 의심스러운 산이 나타나는데, 그것은 온라인 데이터가 나이를 속인다는 뜻이다. 남성의 곡선에서는 32세에 작은 산이 나타나고, 36세에 큰 산이 나타난다. 36세라고 주장하는 남성은 37~41세라고 주장하는 남성의 평균 빈도보다 높다. 이는 기준치보다 일곱 배나 높은 수치다. 여성의 경우 29세, 35세, 44세, 세 군데에서 뚜렷한 산이 나타난다. 29세라고 주장하는 여성의 수와, 30~34세라고 주장하는 여성의 평균 빈도는 기준치보다 거의 여덟 배나 높았다. 35세라고 주장하는 여성의 수와, 36~43세라고 주장하는 여성의 평균 빈도는 기준치보다 다섯 배더 높다.

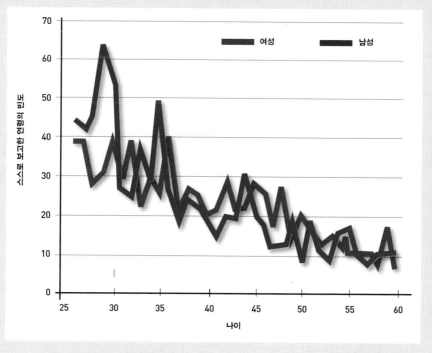

2-3 리부팅이 필요한 파트너

찰스 초이

뉴욕시의 섹스 박물관, 인공지능 연구자 데이비드 레비(David Levy)는 웨딩드레스를 입은 신부가 키 작은 로봇 신랑과 손잡고 웃는 이미지를 스크린에 투사 중이다. 낄낄대는 관중에게 그는 "이 행복한 커플을 보세요. 로봇과의 결혼은 어떨까요?"라고 묻는다.

그때 로봇과 결혼하고 싶어 하는 사람은 허상에 빠진 거냐고 누군가 묻자 레비의 얼굴이 굳어졌다. "만약 외롭고 슬프고 비참한 삶밖에 대안이 없다면 적어도 당신을 사랑한다고 주장하고 그 사랑을 보여주는 로봇이 좋은 배우자 아닐까요? 행복해질 수 있다면 로봇이 대수입니까?" 2007년 《로봇과의 사랑과 섹스(Love and Sex with Robots)》라는 저서에서 레비는 로봇과의 사랑과 섹스 심지어 결혼이 곧 성사될 것이며 이는 바람직하다고 주장한다. "터무니없는 헛소리로 보는 사람도 있겠죠. 하지만 불가피한 일이라 확신합니다."

런던 토박이 레비가 하룻밤에 이런 결론을 내린 건 아니다. 컴퓨팅과의 학술적 연애는 대학 마지막 학기를 보내던 진공관 시기에* 시작되었다. 그가 체스에 대한 열정에서 지평을 넓힌 것도 바로 그 때다. "당시 사람들은 인간의 사고(思考) 과정을 모의실험하는 체스 프로그램을 제작 중이었어요."

*진공관을 사용한 에니악이 발명된 1940년대 중후반을 의미한다.

그는 인간과의 지적 대화 프로그램 만들기에 몰두했고, 컴퓨터와 인간의 상호작용 방식 탐구로 2007년 네덜란드 마스트리흐트대학에서 박사학위를 땄다. (국제 체스 마스터가 된 후 곁길로 샌 그는 세계를 순회하며 체스 경기를 하고, 컴퓨터 조직, 체스 조직, 기업을 몇몇 개 설립했다.)

몇십 년 동안, 인간과 로봇의 상호작용은 점점 더 개인주의적으로 변해왔다. 본래 자동차 공장에서 일하던 로봇이 지금은 룸바 형태의 로봇 진공청소기, 다마고치,* 소니의 아이보** 등 디지털 애완동물 형태로 집 안에 들어왔다. 기계는 점점 더 인간과 비슷한 외양을 띠게 되었다. 오사카대학 인텔리전트로보틱연구소(Intelligent Robotics Laboratory) 감독 이시구로 히로시(石黑浩)의 로봇 레플리(Repliee)는 몇 피트 거리에서는 약 10초간 진짜 인간인 척 사람을 속일 수 있다. "바이브레이터 부품을 인형에 넣고 몇 가지 기본적 발화 전자기기를 더하면 원시적 섹스 로봇을 만드는 것도 시간문제입니다"라고 레비는 말한다.

*일본의 반다이사가 개발한 휴대용 전자 애완동물 사육기로, 컴퓨터나 전자수첩에서 애완동물을 기르게 해주는 소프트웨어.
**소니에서 1999~2006년까지 발매했던 애완견 로봇.

공상과학 팬들은 인간과 그림으로 된 인공 생명 캐릭터의 수많은 상호작용을 목격해왔다. 〈스타트렉(Star Trek)〉*** 시리즈의 데이타와 리메이크된 〈배틀스타 갤럭티카(Battlestar Galactica)〉의**** 사일론이 그 예다. 레비는 많은 사람이 그런 도구와 사랑에 빠지게 될 거라고 장담한다.

***거대 우주선 엔터프라이즈호와 그 승무원이 우주를 탐험하는 모험을 그린 미국 NBC TV의 과학 시리즈로 등장인물 데이타는 자아를 지닌 인공지능형 안드로이드.
****우주에서 벌어지는 인간과 로봇 '사일론'의 대결 이야기를 그린 미국의 TV 시리즈.

프로그래머들은 누군가의 관심사에 부합되는 기계를 맞춤 제작하거나, 기계에서 적당히 갈등 수위를 조정할 수도 있다. "인간이 하나의 알고리즘이 아닌, 믿음직한 인간의 모방물과 사랑에 빠질 거라는 뜻입니다. 믿음직한 모방은 놀라운 효과를 보일 수 있습니다."

캘리포니아대학 샌디에이고 캠퍼스는 2007년, 걸음마하는 아기들이 QRIO라는 키 61센티미터가량의 인간형 로봇을 받아들이는 모습을 지켜보았다. 로봇은 아기들이 만지면 반응했고, 아기들은 QRIO를 거의 동등한 존재로 생각하게 되었다. 배터리가 나가면 담요로 덮어주고 잘 자라고 인사하기도 했다. "다양한 전자기기에 둘러싸여 자라난 인간은 안드로이드 로봇을 아무렇지도 않게 친구나 연인, 파트너로 여길 겁니다." 레비의 추측이다. 그는 사람들이 블랙잭에서 승패에 신경 쓰며 열렬히 응원해준 컴퓨터 인격체를 좋아하고 신뢰하게 되었다는 스탠퍼드대학의 2005년 연구도 언급한다. 그것은 타인의 관심을 받을 때의 반응과 매우 비슷했다.

현대의 원거리 통신시대는 이미 대면 없는 사랑을 가능하게 해주었다고 레비는 덧붙인다. "인터넷에서 강력한 정서적 애착을 발달시키는 사람이 아주 많고 심지어 결혼에도 합의하는 오늘날에는 통신선 반대편 끝에 무엇이 있든 중요하지 않습니다. 그저 나의 경험과 인지만이 중요합니다."

'인간이 사랑에 빠지는 방식'에 관한 연구를 감안하면 인간-로봇 관계는 그리 놀랍지 않다. 로맨틱한 사랑에 대한 연구에서 권위자인 럿거스대학 생물인류학자 헬렌 피셔에 따르면 사랑의 핵심 요소는 세 가지다. 바로 섹스, 로맨스, 깊은 애착이다. 피셔는 말한다. "세상만사가 이 요소를 자극합니다. 책을 읽거나 영화를 보며 성욕을 자극받는 사람도 있습니다. 대상이 인간일 필요도 없습니다. 땅, 집, 사상, 책상, 알코올, 그 밖의 무엇에도 깊은 애착을 느낄 수 있습니다. 따라서 로봇에 대한 깊은 애착도 논리적으로 타당합니다. 로맨틱한 사랑에 관해서라면 세상에 존재하는 않는 사람조차 미친 듯이 사랑할 수 있습니다. 이는 우리가 얼마나 사랑을 갈망하는지 보여줍니다."

피셔와 레비 둘 다, 사람들이 여전히 구식으로 사랑하고 구식으로 섹스한 다는 사실을 인정한다. "하지만 이런저런 이유로 정서적인 삶, 성적인 삶에 공허함을 느끼는 사람도 있을 겁니다. 이럴 때 로봇의 도움을 받을 수 있습니다"라고 레비는 말한다. 그는 매사추세츠공대 심리학자 셰리 터클(Sherry Turkle)의 인간-컴퓨터 상호작용에 대한 책《제2의 자아(The Second Self)》에 실린 매사추세츠 공대 학생에 관한 구절을 인용한다. '앤서니'(가명)는 인간 여자 친구를 만들려고 애쓰면서도 컴퓨터와의 관계를 좋아했다. 레비는 자신의 책을 "'앤서니'에게, 그리고 타인과의 관계가 없이는 길을 잃고 희망이 없다고 느끼는 모든 남녀 '앤서니'에게" 헌정한다고 말한다. "로봇과의 관계 형성에서 도움받게 되리란 사실을 그들에게 알려주고 싶습니다."

그러나 그러한 연대가 정서적으로 건강한지는 논쟁의 여지가 있다. 터클은 말한다. "외로워하면서도 누군가와 가까워지기 두려울 때 기계와의 관계는 외톨이면서도 결코 혼자가 아니게 해줍니다. 우정의 대가를 요구하지 않는 동반자의 존재는 환상적입니다. 축하할 일은 아닙니다. 로봇과의 관계에 이끌린다는 건 인간관계에서 무언가 결핍되어 있다는 뜻이니까요."

사회문제에 로봇을 투입하는 대신, 인간이 그 일을 해야 한다고 터클은 주장한다. "앤서니 같은 사람에겐 인간관계에서 발생하는 복잡 미묘함과 도전을 극복하는 훈련이 필요합니다." 레비는 외로움이나 고독한 노인 등의 사회문제에 투입할 인력의 부족을 우려하지만, 터클은 이 말을 일축한다. "다른 곳에 투자하듯 노인을 보살피는 사람을 고용해 보수를 지급한다면 인력 부족은 문제가 안 됩니다."

피셔와 터클 둘 다 인간과 로봇의 합법적 결혼은 어불성설이라고 느낀다. 하지만 레비는 "100년 전으로 거슬러 가보면, 남자끼리의 결혼을 말하는 사람은 정신병원에 갇혔을 겁니다. 미국 연방정부가 약 12개 주에 존재하던 타인종 간의 결혼 금지법을 폐지한 것도 고작 20세기 후반의 일입니다. 결혼의 본질이 그만큼이나 많이 바뀌었습니다"라며 이에 맞선다.

부인의 생각은 어떠냐고 묻자 레비는 웃음을 터뜨린다. "아내는 인간과 로봇의 사랑에 회의적이었어요. 여전히 매우 회의적입니다." 합리적인 반응이다. 이의를 제기할 수 있게 프로그래밍된 스텝포드 와이프도* 똑같이 말할 것이다.

*아이라 레빈(Ira Levin)의 소설 《스텝포드 와이프(The Stepford Wives)》는 남편이 아내를 죽여 로봇으로 만든다는 내용이다. 니콜 키드먼이 주연한 영화로도 만들어졌다.

3

사랑을 찾고 지키기

레이 허버트

여성의 로맨스에 대한 태도는 남성보다 훨씬 까다롭다. 그 이유는 명확하지 않지만 진화심리학자들은 원시시대에는 '데이팅'이 여성에게 훨씬 위험했기 때문이라고 본다. 싱글들이 즐기려고 찾는 바(bar)의 고대 버전은 어떤 모습일까. 그곳에서 파트너를 잘못 선택한 남성은 그저 거지 같은 하룻밤을 보내고 말겠지만 어리석은 선택을 한 여성은 안정적인 파트너의 지원 없이 몇십 년간 혼자 양육을 담당하며 운명을 한탄하게 될 것이다.

정도 차이는 있지만 여성은 한결같이 남성보다 선택적이었다. 초기 조상들이 이러한 자취를 남겨준 걸까? 노스웨스턴대학의 심리학자 엘리 핀켈과 폴 이스트윅은 독특한 실험실에서 이러한 의문을 파헤쳐보기로 마음먹었다. 스피드 데이팅 이벤트를 열기로 한 것이다.

앉아 있는 사람과 선택하는 사람

스피드 데이팅은 남녀가 만나서 파트너를 찾는 인기 있는 방법이다. 후원 이벤트에 참가한 남녀는 짧게 '데이트'를 몇 번 한다. 각각의 데이트에는 약 4분 정도 시간이 걸린다. 보통은 여성이 흩어져 앉아 있고 남성은 돌아다닌다. 그런 다음 남녀 모두 상대방을 다시 만날 생각이 있는지 후원사에 알린다. 두 사람이 서로에게 관심을 표하면 상대방 전화번호를 알게 되고 그것으로 끝이다.

그다음엔 알아서 해야 한다.

남성은 여성보다 '관심 있다'고 말하는 빈도가 잦은데 익히 예상했던 바다. 핀켈과 이스트윅은 참신한 이론으로 이를 설명한다. 여성은 수동적으로 앉아 있고 남성이 일어서서 접근하는 단순한 인습을 통해 그런 현상을 설명할 수 있을지 모른다. 근래 들어 생각과 정서의 체현과 관련된 육체와 마음의 상호작용에 대한 연구가 많이 이루어졌다.

신체 움직임은 무의식적으로 타인종에 대한 태도에 영향을 미칠 수 있다. 2007년 캐나다 요크대학 심리학자들은 실험 참가자를 두 그룹으로 나누어 한 그룹은 흑인 사진을 본 후 조이스틱을 몸 쪽으로 당기도록 훈련했고, 나머지 그룹은 몸 반대쪽으로 밀도록 훈련했다. 이 실험을 통해 사진을 보고 조이스틱을 몸 쪽으로 당기도록 훈련받은 사람은 흑인에 대한 암묵적(무의식적) 차별을 적게 드러낸다는 사실을 알 수 있었다. 조이스틱을 끌어당기는 것은 심리학적 의미에서 사진 속 개인에 대한 접근과 비슷했다. 그리고 누군가에게 접근할 때 사람들은 그에게 따뜻한 감정을 느끼는 경향이 있다.

핀켈과 이스트윅이 스피드 데이팅을 통해 조사한 바에 따르면, 누군가에게 물리적으로 먼저 다가간 사람이 데이트 상대를 훨씬 로맨틱하게 느꼈다. 이벤트에서 남성이 여성에게 먼저 다가가도록 했더니 남성은 까다롭지 않게 선택했다.

핀켈과 이스트윅은 실험을 통해 이러한 가설을 검증했다. 이성애자를 대상으로 15회에 걸쳐 스피드 데이팅 이벤트를 열었는데, 약 350명의 젊은 남녀가 참가했다. 각각의 남녀는 상대방을 12회 정도 만났다. 그런 후에 연구자들은 규칙을 바꾸어 15회 이벤트 중에서 7회는 여성이 남성에게 먼저 다가가게 했다. 결국 대체로 남녀가 비슷한 횟수로 상대방에게 먼저 다가가게 되었다. 이벤트 각 회차가 종료한 뒤 참가자들은 호감도와 성적 이끌림을 뜻하는 이른바 '케미스트리'를 기준으로 상대방 점수를 매기고 스스로의 자신감 점수도 매겼다. 짧은 데이트를 모두 마친 뒤에는 참가자들이 각자에게 주어진 후보를 수락하거나 거부하게 했다.

로맨틱한 감정을 만들어내는 사회적 인습

결과는 수치화되었다. 2009년 10월 《심리과학(Psychological Science)》지에 보고된 바에 따르면, 남녀에게 평등한 역할을 부여하자 성별 차이에 대한 상식과는 정반대 결과가 나왔다. 남성이 앉아 있고 여성이 돌아다니게 했을 때, 남녀의 까다로움에는 별 차이가 없었다. 이러한 조사가 과거의 상식을 완전히 뒤바꾸지는 못했다. 앉아 있는 남성이 돌아다니는 여성보다 까다롭지는 않았던 반면, 여성이 앉아 있는 기존의 스피드 데이팅에서는 여성이 남성보다 까다로웠다. 이로 보아 오래된 경향이 여전히 지속되고 있다고 봐야겠지만 상식적으로 생각한 것만큼 강력하지는 않다. 이러한 경향은 사회적 관습에 의해서도 강화될 수 있기 때문이다. 로맨스의 가능성이 있을 때 대체로 남성이 여성에게 다가갔던 기존 관습이 바로 상식을 강화하는 관습이다.

또한 참가자들에게 자신의 자신감 점수를 매기라고 했더니 스피드 데이팅의 방식에 따라, 즉 이끄는 사람이 누구인지에 따라 남녀 중 콧대가 높아지는 사람이 달라졌다. 연구자들은 앉아 있는 상태에서 상대방이 길게 줄을 지어 자신에게 다가오는 경험을 통해 사람들이 자신을 매력적으로 느끼고, 따라서 더 까다로운 선택을 하리라 예측했다. 그러나 실험 결과 서서 돌아다닌 사람들이 앉아 있는 사람들보다 자기 확신이 강한 것으로 나타났다. 앉아서 요청받는 사람들이 까다로울 거란 예측은 완전히 빗나갔다. 서서 돌아다님으로써 자신감이 강해지고, 그 덕분에 돌아다니는 사람들의 이성적 매력이 앉아 있는 사람들에게 크게 어필했다.

　물론 현실은 스피드 데이팅과는 다르다. 게다가 성적 차별에 근거한 갖가지 사회적 고정관념이 도처에 자리 잡고 있다. 이러한 고정관념은 사랑의 감정과 행동에 영향을 미친다. 여자처럼 행동하는 남자, 남자처럼 행동하는 여자가 많아질수록 최소한 남녀의 성별에 따른 차이는 줄어들 것이다.

3-2 유머의 간극

크리스티 니콜슨

무대에 오른 코미디언 수전 프레클(Susan Prekel)은 청중 사이에서 매력적인 남성을 발견하면 마음이 무거워진다고 말한다. "공연이 끝날 무렵이면 그는 저를 역겹다고 느낄 거예요, 적어도 성적 존재로서는……."

뉴욕시 코미디 순회극단에서 10년 이상 공연한 이 매력적이고 키가 큰 갈색머리 코미디언은 공연 후에 딱 한 번 데이트 신청을 받았다. 하지만 남자 코미디언들에게는 여자가 끊이지 않는다. "그들은 여성과 잘 어울립니다. 늘 그렇지요"라고 프레클은 말한다.

알고 보면 코미디언들은 로맨스와 관련된 남녀 간의 전형적 상호작용을 극단적으로 경험하는지도 모른다. 양 젠더 모두 유머감각이 있는 파트너를 지속적으로 선호해왔다 해도 이를 나타내는 방식에는 흥미로운 간극이 존재한다. 남성은 자신의 농담을 이해해줄 여성을 원하고, 여성은 자신을 웃겨줄 사람을 원한다. 이러한 욕망의 상호 보완성은 우연이 아니다. 연구자들은 유머에 깊은 진화적 뿌리가 존재할 가능성을 고려해왔다. 찰스 다윈은 1872년, 침팬지들도 낄낄거리며 논다는 사실을 발견했다. 그리고 자연선택 법칙으로 오늘날 우리가 발휘하는 복잡한 유머감각을 설명할 수 있다고 주장하는 사람들도 많다.

남녀는 서로를 매혹하고 로맨틱한 관심을 보여주려고 유머와 웃음을 이용한다. 하지만 양 젠더가 목표를 달성하는 방식은 다르다. 관계가 진전되면서 남녀의 유머 이용 방식은 변하고, 유머는 서로 달래주고 힘든 시기를 위로하는 수단이 된다. 사실, 유머가 정말 우스운 것이라기보다는 함께 웃는다는 행위 자체가 사람들을 가깝게 만들어준다. 웃음의 공유는 심지어 장기적으로 그들이 얼마나 잘 융화될지 예측해주기도 한다.

빈정댐, 해학, 흥미로운 이야기, 아이러니, 풍자 등 모든 형태의 유머는 언어만큼이나 복잡한 진화의 결과물이다. 그것은 소외에 이용되는 무기이자, 관심과 지성의 소통 수단이 된다. 따라서 무지갯빛 환상이 사라질 위험을 감수하더라도 이제는 유머를 진지하게 들여다볼 때가 되었다.

유머를 듣는 여자, 유머를 말하는 남자

과학을 통해 사람은 무엇을 재미있다고 느끼는지 관찰하면서, 그리고 재미있는 남성과 재미있는 여성을 지켜보기 시작하면서 흥미로운 패턴이 나타났다. "1990년대 이전의 문헌은 농담을 이해하는 데 초점을 맞추었습니다. 피실험자들에게 농담을 들려주고 반응을 기록하는 작위적 상황이었죠." 유머 전문가이자 캘리포니아주 오클랜드 홀리네임스대학 사회과학 명예교수 마틴 램퍼트(Martin Lampert)의 말이다. 그 후 실험을 통해 유머 생산을 들여다보기 시작했다. 피실험자들에게 농담을 생각해내라고 요청하거나, 현실 세계에서 사람들이 어떻게 서로를 웃기는지 연구했던 것이다. "실험은 실제 일어나는 일에 관한 정확한 밑그림을 제공했습니다"라고 램퍼트는 말한다.

1996년 개인 광고 3,745건을 분석한 메릴랜드대학 심리학과 교수 로버트 프로빈(Robert Provine)은 자신을 웃겨줄 남성을 찾는 여성이, 자신이 상대방을 웃겨주겠다는 여성의 두 배나 된다는 사실을 발견했다. 한편 남성은 유머를 원하기보다는 제공하겠다는 쪽이 세 배가 많았다. 양쪽 성이 다른 각도에서 유머에 접근한다는 것을 보여준 최초의 중요한 실마리였다.

10년 후 웨스트필드주립대학 에릭 브레슬러(Eric R. Bressler)와 맥매스터대학 시걸 발샤인(Sigal Balshine)에 의해 또 다른 흥미로운 젠더 차이가 드러났다. 두 심리학자는 200명에게 남녀의 사진을 보여주었는데 각 사진에는 그 인물에 대해 매우 재밌는 설명 또는 매우 진지한 설명이 쓰여 있었다. 사진을 본 여성은 재밌는 남성을 잠재적 데이트 상대로 선택했지만 남성은 재밌는 여성을 전혀 선호하지 않았다(코미디언 프레클이 현실 세계에서 목격했듯이). 그런데 전 세계적으로 양쪽 성 모두 짝의 가장 중요한 특성으로는 유머감각을 꼽았다. 그렇다면 앞서의 선택에서 나타난 차이는 무엇 때문일까?

"양쪽 성 모두 유머감각을 원한다고 말합니다. 하지만 연구에서 드러난 걸로 보아 여성은 이를 '나를 웃길 수 있는 사람'으로, 남성은 '내 농담에 웃어주는 사람'으로 해석합니다." 웨스턴온타리오대학 로드 마틴(Rod A. Martin)의 말이다.

마틴은 2006년 브레슬러, 발샤인과 함께 피실험자 127명에게 잠재적 파트너들 중에서 하룻밤 상대, 데이트 상대, 단기적 상대, 장기적 상대, 우정의 상대를 선택하도록 요청했다. 잠재적 파트너는 참가자의 유머에 수용적이되 그다지 유머감각이 없는 사람이나 엄청 유머러스하지만 피실험자의 위트 넘치는 말에 그다지 관심을 보이지 않는 사람, 두 가지 유형 중 하나로 묘사되었다.

우정을 제외한 모든 선택에서 남성은 자신의 농담에 웃어주는 여성을 농담을 잘하는 여성보다 선호했다. 그러나 여성은 재미있는 파트너를 선호했다.

프로빈은 웃음은 의식적 통제에 있지 않기 때문에 유머의 제공과 요청에서 남녀가 서로를 보완한다는 사실이 놀랍다고 말한다. 그리고 의식하지 못하는 많은 행동과 마찬가지로 이런 반대되는 욕망이 어쩌면 생식 목적을 위해 생겨난 건 아닌지 궁금해졌다.

왜 재미있는 남성은 그렇게 매력적일까?

진화적 관점에서 보면 후손의 발달에 더 많은 자원을 기여하는 성 쪽이 더 까다로울 것이다. 모든 포유류에서 더 까다로운 쪽이 여성인데 그것은 임신의 부담 때문이다. 따라서 여성의 관심을 얻으려는 남성은 반드시 경쟁을 해야 한다. 수사슴은 구애를 위해 멋진 뿔로 과시한다. 공연을 보며 멋진 주인공에게 이끌리는 여성은 자신도 모르는 사이에 그의 유전자적 건강함에 반응함으로써 자신의 후손이 살아남을 가능성을 높이고 있다.

이 진화의 힘을 성선택(sexual selection)이라고 한다. 뉴욕대학 심리학자 스콧 배리 카우프먼(Scott Barry Kaufman)은 그것이 유머가 초기 구애에서 그토록 중요한 이유를 그리고 왜 여성은 농담을 듣고 남성은 농담을 하는지를 설명해준다고 생각한다. "유머는 첫 만남에서 성적 매력을 엄청나게 발휘합니다. 영리하고 독창적인 방식으로 유머를 구사하는 위트 있는 사람은 꽤 많은 정보를 보내고 있습니다. 지성, 창의력, 심지어 성격이 어떤지도. 장난기와 경험에 대한 개방성 같은 것들이죠." 유머에 있어서 창의력의 역할을 연구해온 카우프먼의 말이다.

유머가 지성의 좋은 지표임을 보여주는 연구는 이러한 생각을 뒷받침한다. 지성은 모두 우러러보는 좋은 특성이며 유전되기도 한다. 2008년, 볼더에 있는 콜로라도대학의 대니얼 하우리건(Daniel Howrigan)은 약 200명에게 유머러스한 문장을 만들고 재밌는 그림을 그려보라고 했다. 관찰자들이 매긴 점수와 일반적 지성을 테스트한 점수는 비례했다. 점수가 높은 사람들은 또한 상당히 재미있는 사람들이기도 했다.

여성이 임신 가능성이 높은 배란기에 무엇을 원하는지 알면 유머를 성선택으로 설명하는 가설을 한층 섬세하게 검증할 수 있다. 대규모 연구 결과, 배란기 여성은 단기적 파트너를 찾을 때 신체 균형, 남성적 이목구비, 지배적 행동 등의 좋은 유전자 신호를 보이는 남성을 선호하는 경향이 있었다. 반대로 장기적 파트너를 찾을 때는 신체 사이클이 어떤 상태든 앞서의 선호를 전혀 보여주지 않았고, 자원(요즘 같은 시대에는 돈)이 풍부하고 성격이 가정적인 남성을 택했다. 달리 말해 좋은 아빠를 찾았다.

만약 유머가 창의력과 지성의 신호이고 질 좋은 유전자의 지표라면, 재미있는 남자들은 배란기 여성에게 호감을 살 것이다. 뉴멕시코대학의 조프리 밀러(Geoffrey Miller)와 캘리포니아대학 로스앤젤레스 캠퍼스 마티 헤이즐턴

(Martie Haselton)의 연구는 바로 그 사실을 보여주었다. 41명의 여성이 창의적이지만 가난한 남성과 창의적이지 않지만 부유한 남성에 관한 묘사를 읽고, 각 남성에 대한 호감도를 표현했다. 배란기 중간쯤에 있는 여성은 단기적 상대로 부유한 남성보다 창의적 남성을 두 배나 많이 선택했다. 하지만 장기적 파트너에 대한 선호를 드러내는 건 아무것도 없었다. 정확히 예측한 패턴대로였다.

그러니 유머가 여자들을 꾀기 위해 필요하다면, 남성의 우선 과제는 남을 포복절도시키는 것이 되리라. 학창 시절에 반마다 꼭 있던 재밌는 친구를 떠올려보라. 그들 대부분이 남학생이었을 것이다. 그리고 소년이 광대짓을 하며 웃길 때 소녀들은 으레 배꼽 빠지게 웃고 있었을 것이다.

웃음에 관한 연구 또한 구애 과정에서 유머의 중요한 진화적 역할에 대한 단서를 준다. 프로빈은 1993년, 즉흥적 대화에 관한 연구를 시작하며 그 실마리를 발견했다. 그는 실험실에서 웃음을 연구하려 했지만 텔레비전 앞에 사람을 세워놓고 〈새터데이 나이트 라이브〉 에피소드 두 편을 틀어주는 것으로는 폭소 유발이 힘들었다. 그리하여 프로빈은 마침내 냉혹한 깨달음에 도달했다. 바로 웃음은 본질적으로 사회적이라는 사실이다. 그래서 그는 현장을 탐험하는 영장류 동물학자처럼 도시공간에서 인간 상호작용을 관찰하기로 마음먹었다. 그리고 쇼핑몰, 보도, 카페 등지에서 말하는 사람이나 듣는 사람의 웃음을 끌어낸 1,200가지 웃음의 에피소드를 기록했고 어떤 젠더가 언제 웃는지를 지켜보았다.

결과는 별로 놀랍지 않았다. 프로빈의 데이터에 따르면 일반적으로 여성이 남성보다 더 많이 웃었다. 특히 혼성 집단에서 그러했다. 그리고 남녀 모두 여성보다는 남성을 보고 더 많이 웃었다. 이러한 발견은 남성은 유머의 공연자이고 '선택자' 여성이 유머의 감상자라는 생각과 맞아떨어진다. 물론 다른 설명도 가능하다. 어쩌면 여성은 그저 유머에 관해서는 덜 까다로운 게 아닐까? 아니면 본래 남성이 더 재밌는 젠더인 걸까?

웃음 코드 해독하기

최근의 연구에 따르면 그럴 가능성은 낮다. 유머를 직접 만드는 남녀 모두 똑같이 재밌는 사람으로 판명되었다. 예를 들면 웨스턴온타리오대학 심리학과에서 박사 과정 중이던 킴 에드워즈(Kim Edwards)는 2009년, 피실험자들이 만화 프레임에 재미있는 자막을 써 넣도록 했다. 이 실험에서 남녀 모두 대등하게 높은 점수를 받을 만한 자막을 만들었다.

유머 감상에서도 남녀가 동등하다. 2005년 스탠퍼드대학 심리학자 앨런 리스(Allan Reiss)는 카툰 30여 편을 보여주면서 남녀의 뇌를 스캔했다. 남녀 모두 24편의 카툰에 높은 점수를 매겼다. 얼마나 재미있는지 매긴 순위에서도 양 젠더는 다시금 일치를 보였다. 더욱이, 남녀는 마음에 드는 농담에 대한 반응에도 거의 차이가 없었다.

양쪽 성의 비슷한 유머 생산능력과 감상능력을 감안하면 여성이 더 많이 웃고 남성이 더 많이 웃음을 듣는다는 사실은 틀림없이, 단순히 '누가 더 웃기

느냐'가 아닌 다른 그 무엇에 뿌리를 둘 것이다. 사실 프로빈의 데이터는 이러한 생각 역시 뒷받침한다. 그의 현장 연구에서 웃음을 이끌어낸 진술 가운데 80~90퍼센트는 전혀 우습지 않았다. 사람들은 "나중에 봐!(I'll see you guys later!)" 또는 "난 다 된 것 같아(I think I'm done)" 등의 평범한 문구에 웃음을 보였다. 또한 그의 연구는, 사람은 들을 때보다 말할 때 더 많이 웃는 경향이 있음을 보여주었다. 이러한 발견에 확신을 더해준 수많은 연구가 있다. 전문가들은 말하는 사람이 웃으면 듣는 사람은 마음이 편해지고 이들의 사회적 유대가 강화된다고 믿는다.

그런데 프로빈은 말하는 사람이 듣는 사람보다 더 많이 웃는다는 법칙에서 중요한 예외를 발견했다. 남성이 여성에게 말할 때는 여성이 남성보다 더 많이 웃는다는 사실이다. 그 차이는 꽤 크다. 프로빈이 2인조의 웃음 평균치를 내보니 말하는 사람은 듣는 사람보다 46퍼센트 더 웃었다. 한 여성이 다른 여성에게 말할 때 말하는 사람은 듣는 사람보다 73퍼센트 더 웃었지만 한 여성이 남성에게 말할 때 말하는 사람은 126퍼센트 더 웃었다. 말하는 남성은 말하는 여성보다 덜 웃었지만 다른 남성에게 말할 때는 듣는 사람보다 25퍼센트 더 웃었다. 그렇지만 남성이 여성에게 말하는 구체적 상황에서 말하는 사람은 듣는 사람보다 8퍼센트 덜 웃었다.

여성이 남성에게 말할 때 그토록 많이 웃는다는 사실, 그리고 남성이 말할 때는 더 많이 웃는다는 사실은 본능적인 무언가의 작용을 짐작케 한다. 그것은 성선택자로서 여성의 역할을 반영하는지도 모르지만, 그 본능의 뿌리가 무엇이든 매우 효과적이다. 남성은 웃는 여성을 더 매력적으로 느낀다. 웃음이 무의식적으로 관심과 즐거움을 표현하기 때문이다.

침팬지들이 잡기 놀이를 하면서 웃음소리 비슷한 소리를 내는 장면을 상상해보라. 아이들처럼 여기서는 쫓기는 자가 웃는다. 침팬지들이 놀면서 내는 헉헉대는 웃음소리는 추적자에게 보내는 신호로 그 놀이가 재미있고 위협적이지 않다는 뜻이다. 즐거움은 기대감에서 올지도 모른다. 그 웃음은 마치 "나는 계속 달리겠지만, 만약에 잡히면 정말로 재밌을 거다"라는 메시지를 보내는 듯하다. 여성은 구애와 관련해 전형적으로 쫓기는 쪽인데 이 사실과 연결 고리가 있을까? 유머 전문가 마틴은 말한다. "여기에 흥미로운 평행 관계가 존재합니다. 양쪽 사례 모두 웃음은 즐거움의 신호이자 계속하라는 초대입니다."

두 사람 사이의 웃음이 매력 측정의 강력한 수단임을 보여주는 연구는 많다. 1990년, 빈에 있는 루트비히볼츠만도시행동학재단(Ludwig Boltzmann Institute for Urban Ethology) 심리학자 칼 그래머(Karl Grammer)와 이레나우스 아이블-아이베스펠트(Irenaus Eibl-Eibesfeldt)는 혼성집단에서 자연적 대화를 연구하면서 남녀의 웃음을 관찰했다. 각 개인은 자신이 집단 내의 일원들에게 얼마나 이끌렸는지를 스스로 보고했다. 알고 보니 파트너의 매력 정도를 정확히 예측해준 것은 여성의 웃음이었다. 여성은 한 남성에게 이끌리거나 한 남성의 관심을 감지하면 많이 웃는다. 그리고 그 웃음은 그에게 그녀를 매력적으로 보이게 하고 그의 관심을 환영한다는 신호를 보낸다.

웃음, 마음을 전달하는 정직한 방식

매력 변화에 따라 유머의 역할이 변할지라도 웃음 공유의 중요성에는 변함이 없다. 많은 사람들은 유머가 특히 장기적 관계에서 연대감을 키워준다는 데 동의한다. 유머는 둘 사이의 사적 언어가 될 때가 많다. 둘만 아는 농담은 따분하고 긴장된 순간을 엄청 우스운 순간으로 만들어줄 수 있다.

하지만 여기서도 각 젠더의 역할은 다르다. 흥미롭게도 몇 가지 면에서 남녀는 자리를 바꾼다. 대체로 남성이 유머를 제공하고 여성은 감상하는 프러포즈 시기와는 달리, 장기적 관계에서 남성의 유머 사용은 때로 해롭게 작용한다. 반대로 여성이 유머러스한 파트너라면 관계가 잘 흘러가는 경향이 있다.

물론 남성의 유머가 반드시 나쁜 것은 아니지만 특정한 상황에서는 위험할 수 있다. 1997년, 펜실베이니아주립대학 심리학자 캐서린 코핸(Catherine Cohan)과 캘리포니아대학 로스앤젤레스 캠퍼스 토머스 브래드버리(Thomas Bradbury)는 부부 60쌍의 결혼 생활을 18개월 동안 분석했다. 이를 위해 가정 내 문제의 해결 과정에서 스스로 보고한 데이터와 음성 녹음을 이용했다. 그들은 식구의 죽음이나 실직 등 큰 스트레스 요인을 가진 커플에겐 문제 해결 기간 동안 남편의 유머가 적신호 역할을 했음을 발견했다. 이런 커플은, 똑같이 삶의 스트레스 요인이 있어도 대체로 남성이 유머를 구사하지 않은 커플에 비해 결국 18개월 내에 이혼이나 별거를 할 가능성이 높았다. 문제의 핵심은 남성이 농담으로 긴장을 풀 적절한 순간과 방식을 아느냐에 달렸는지도 모른다. 타이밍이 열쇠가 된다. "특히 남성은 문제나 진지한 대화의 회피 용도로 유머를 써먹을 때가 많습니다. 놀리기, 깎아내리기 등의 공격적 이용이나 부적절한 시기의 유머 사용은 관계에 해롭습니다"라고 마틴은 말한다.

마틴과 워털루대학 심리학자 허버트 레프코트(Herbert Lefcourt)가 개발한 '유머 대처 척도검사(Coping Humor Scale, CHS)'는 사람이 스트레스 극복에 얼마나 많은 유머를 사용하는지 측정하는 검사다. 이 검사는 남성 유머가 이따금 관계에 해롭게 작용한다는 생각을 뒷받침했다. 그들은 1986년, CHS 점수가 높았던 남성들의 결혼 생활 만족도가 스트레스 극복에 유머를 사용하지 않은 또래에 비해 낮았음을 발견했다. 남성은 힘든 상황을 극복하면서 타인 폄하 유머를 많이 사용하는 경향이 있다. 만약 CHS를 받을 때 사용한 유머가 이런 유형이었다면, 그 남성의 낮은 결혼 생활 만족도를 설명해줄 것이다.

한편 여성은 자조적 유머를 자주 사용한다. 자조적 유머는 긴장을 완화하고 안도감을 준다. CHS 연구는 유머로 역경을 극복하려는 여성일수록 결혼 생활 만족도가 높다고 보고했다.

그 이유를 설명해주는 심리학 연구가 있었다. 고트먼재단(Gottman Institute)의 커플 심리학자 존 고트먼(John Gottman)은 피실험자 130쌍에게 가장 심각한 문제 세 가지를 이야기하게 한 후 그들을 분석했다. 커플들은 신혼부부일 때부터 6년간 매년 1회씩 고트먼의 실험실을 찾아 사적 대화를 했고, 그러는 동안 고트먼은 거짓말 탐지기와 심전도를 이용, 혈압과 맥박 등의 생리 반응을 측정했다.

고트먼은 이런 긴장된 대화 동안 남성의 심박률이 떨어지는 것이 성공적 결혼의 핵심 요인임을 발견했다(반면 여성의 심박률에는 아무런 변화가 없었다). 어떤 남성들은 스스로 진정하는 데 능숙했지만 뭐니 뭐니 해도 남편의 심박률 완화에 좋은 것은 긴장 완화를 위한 아내의 농담이었다. 고트먼에 따르면 여성이 이런 식으로 갈등을 누그러뜨린 커플은, 아내가 유머와 거리가 먼 커플에 비하면 적어도 연구가 이루어진 6년 동안은 안정적 결혼 생활 가능성이 높았다.

관계가 진전되면서 남성의 유머는 차츰 중요해지지 않게 되며 특정 상황에서는 역효과를 낸다. 반대로 여성의 유머감각은 축복이 된다. 남성이 프러포즈 기간에 기지를 보이면 여성은 매력을 느낀다. 반대로 이해의 웃음을 보이는 여성을 남성은 매력적으로 느낀다. 더 가까운 관계가 되면 파트너를 차지하는 것보다 유지하는 것이 중요해진다. "이 시점에는 타인의 감정과 시각에 대한 공감과 조율이 중요합니다. 즐거움과 감탄에서 서로 간의 긴장 완화, 이해의 전달, 나와 파트너의 체면 살리기로 목표가 옮겨갑니다. 이런 종류의 유머 사용에는 여성이 더 능숙할 수 있습니다."

물론 현실 세계의 남성과 여성은 폭넓은 스펙트럼에 존재하므로 실험실보다 훨씬 큰 개인차를 보인다. 자기 성의 특성과 반대되는 특성을 지닌 사람도 많다. 그렇지만 일반적으로 남녀의 유머 이용 방식은 깊은 목적을 드러낸다. 관계와 연대를 위해 서로를 도와주려는 것이다. 진심 어린 웃음은 다음과 같은 마음을 전달하는 가장 정직한 방식이다. "나는 당신과 한편이에요."

3-3 과학을 통한 사랑의 연습

학생들이 과학 연구에 관심을 갖게 하는 가장 좋은 방법은 주제에 관한 짜릿한 경험을 직접 해보게 하는 것이다. 그래서 교사들은 시험관과 신비로운 용액으로 화학을 가르친다. 나는 캘리포니아대학 샌디에이고 캠퍼스에서 관계의 과학을 강의했는데 사랑에 관한 연습을 통해 학생들의 관심을 높일 수 있었다.

우선 서로 친분이 없는 학생 8명을 강당 앞에 불러 세운 후 그들을 무작위로 짝지었다. 그리고 파트너에 대한 호감도, 애정도, 친밀감을 1~10점으로 평가하도록 했다. 그 후 커플들이 서로의 눈을 깊이 들여다보게 했다. 나는 그 연습을 영혼 응시라고 부른다.

잠시 낄낄거리는 소리가 들린 후 매우 강렬한 눈맞춤이 이루어졌고 2분 후 다시 점수를 매기라고 했다. 결과를 보니 애정도는 그럭저럭 7퍼센트 증가했고(한 커플에서 한 사람당 1점가량 상승했다는 뜻), 호감도는 11퍼센트, 놀랍게도 친밀감은 45퍼센트나 증가했다. 청중석에서 놀람과 감탄의 환호성이 터졌다. 학생들 중 89퍼센트가 2분간의 눈맞춤 연습이 친밀감을 증가시켰다고 말했다.

그건 그저 시작일 뿐이었다…….

눈맞춤을 통한 영혼 응시 연습

미국의 결혼은 초혼 50퍼센트가량, 재혼 3분의 2가량, 삼혼 4분의 3가량이 이혼으로 끝난다. 시행착오라 하기엔 조금 심한 결과다. 실패의 가장 큰 이유는 애당초 관계 유지 기술이 형편없었던 데다 비현실적 기대를 품은 채 관계에 접어들었기 때문이다. 또한 사람들은 어울리지 않는 파트너를 고르는 경향이 있다. 그저 육체적 매력을 느낀다는 이유로 사랑에 빠졌다고 오인하기 때문이다.

이러한 요인을 조합하면 실패의 배경이 드러난다. 결국 열정이란 안개가 흩어진 1년 반 정도가 지나면 파트너를 명확히 볼 수 있게 되어 이렇게 내뱉는다. "당신이 내가 알던 그이가 맞나요?" "당신은 변했어요." 결혼 생활 유지를 위해 그 후에도 몇 년간 열심히 노력할지도 모른다, 특히 자녀가 있다면……. 그러나 애초에 잘못된 사람과 첫 단추를 꿴 데다 갈등 해결과 소통을 위한 기본 도구가 부족하니 봉합에 성공할 확률은 낮다 못해 제로에 가까워진다.

오랜 세월, 관계의 과학에 관해 급속도로 성장해온 과학적 문헌들과 연구를 통해서 나는 이러한 형편없는 실적에 대한 결정적 해결책은 로맨틱한 관계에 있다고 믿게 되었다. 이 연구에서 실리적 기술을 추출해 사람들에게 가르치면 어떨까?

사람들이 사랑하는 법을 배우도록 도와줄 과학적 연구가 적어도 80건 정도 있다. 내 영혼 응시 연습에 영감을 준 것은 클라크대학 제임스 레어드(James

D. Laird)와 동료 심리학자들이 1989년에 수행한 연구였다. 연구자들은 서로의 눈(손이 아닌)을 응시할 때 낯선 사람에게도 사랑과 호감이 급속히 증가한다고 결론 내렸다. '상호 응시'는 '응시'와 비슷하면서도 중요한 차이점이 있다. 수많은 포유류 종이 응시를 위협의 의도로 받아들인다. 뉴욕 지하철에서 낯선 사람을 응시하며 직접 시험해보아도 좋다. 그런데 '상호 응시'는 타인의 응시를 허락한다. 즉 그들은 서로에게 연약함을 내보이는데 이는 감정적 결합의 핵심 요소가 된다. 그러한 연약함은 전쟁 지대에 있는 사람들이 몇 초 만에 강력한 감정적 유대를 만들 때 생성되고, 더러는 인질이 자신을 납치한 사람에게 강력한 애착을 느끼게도 한다. 바로 스톡홀름 증후군이라고* 불리는 현상이다.

동물이나 타인에게 보이는 연약함의 신호는 많은 사람에게 보살핌과 보호의 감정을 이끌어낸다. 상대에게 이끌리고, 상대를 좋아하고 사랑하게 되는 것이다. 사회심리학 연구에서 몇십 년 전부터 보여주었듯이 사람은 연약함을 감지함으로써 동요되거나 흥분할 경우, 그 감정을 해석하고 이름 붙일 실마리를 찾으려고 주변을 돌아본다. 몸은 이렇게 말하고 있다. "흥분하긴 했는데 이유를 모르겠어." 그리고 주변 환경은 당신이 사랑에 빠졌다는 답을 제시하고 있다.

*스톡홀름 신드롬이라고도 한다. 인질이 인질범에게 동화되어 그들에게 동조하는 비이성적 현상을 가리키는 범죄심리학 용어.

훈련을 통한 친밀감 증가시키기

영혼 응시는 과학 연구에서 가져온, 사람을 연약하게 만들고 친밀감을 증가시키는 몇십 가지 연습법 가운데 하나다. '사랑의 아우라' '날 받아들이게 하기' '비밀 교환', 이 세 가지는 어떤 커플이라도 배우고 재밌게 연습할 수 있는, 유대감을 형성해주는 활동의 본보기다.

강의를 듣는 학생들이 친구나 연애 가능성이 있는 상대, 심지어 일면식도 없는 사람들에게 그런 기술을 시도했다고 보고하면 나는 가산점을 주었다. 학생 90퍼센트 이상이 그러한 방법을 관계 개선에 성공적으로 이용했다고 보고했고, 213명 중 50명 이상이 자신의 경험에 관한 상세한 보고서를 제출했다. 거의 모든 보고서가 약 한 달간 호감, 사랑, 친밀함, 매력이 3~30퍼센트 증가했다고 보고했다. (관계 증진이 가산점 요소는 아니어서 그저 기술을 사용했다는 기록만 제출하면 되는데도) 점수가 세 배로 껑충 뛴 경우도 몇몇 있다.

몇 가지 예외는 이해할 만했다. 한 이성애자 남성이 다른 남성에게 그러한 연습을 했을 때 긍정적 효과는커녕 그를 '불편하게' 만들었다. 그러나 여성에게 시도했을 때는 그의 친밀감 점수가 25퍼센트나 상승했다. 상대방 여성의 점수는 무려 144퍼센트나 상승했다!

올리비아라는 학생은 남동생, 엄마, 친한 친구, 그리고 비교적 친분이 덜한 사람에게 연습해보았다. 남동생을 대상으로 한 영혼 응시는 실패했다. 동생이 계속 낄낄댔기 때문이다. 그녀와 엄마가 비밀 공유로 연약함을 증가시키는 '비밀 교환' 활동을 시도했을 때 친밀감은 31퍼센트 증가했다. 친구들과 연습

했을 때는 친밀감이 10~19퍼센트 상승했다. 가장 인상적인 것은 낯선 사람과의 응시하기 연습으로, 친밀감이 70퍼센트나 증가했다.

한 학생은 5년간 결혼 생활을 해온 남편과 그 과제를 수행했다. 길과 아사 부부는 '이전' 점수(9~10점)도 대체로 높긴 했지만 연습을 통해 최소 3퍼센트나 점수를 높였다. 아사는 전반적으로 이렇게 느꼈다. "서로의 연대감에 극적 변화를 느꼈어요. 남편은 이전보다 더 애정이 넘쳐 보여요. 정말 감사하고 싶군요." 그녀는 또 한 가지 보너스를 보고했다. 양쪽 모두 과거 잘못을 들춰내는 빈도가 상당히 감소했다는 것이다. 그러한 변화는 어쩌면 강의를 들은 후 관계 증진에 폭넓은 관심이 생겼기 때문일지도 모른다.

중매로 결혼 후 사랑을 키워간다

내 강의를 듣는 학생들은 바로 그들의 러브 라이프에서 통제력을 손에 넣는 일을 하는 중이었다. 우리는 마법의 힘이 소울메이트를 찾도록 도와주는 동화와 영화를 보면서 자란다. 소울메이트를 만나면 아무 어려움 없이 오래오래 행복하게 살 수 있다. 이처럼 동화는 사랑을 운명의 손에 맡김으로써 사람을 무력하게 만든다.

그런데 놀랍게도 전 세계 인구 대다수는 그런 동화를 한 번도 들어본 적이 없다. 대신 지구상의 결혼 절반 이상을 부모나 전문 중매쟁이들이 중개한다. 그들의 주된 관심사는 장기적 어울림과 가족의 화합이다. 인도에서는 결혼의 95퍼센트가 중매결혼이며, 이혼이 합법인데도 인도의 이혼율은 세계에서 가장 낮은 축에 속한다. (서구적 방식이 전통 사회를 잠식하면서 조금씩 변하고 있기는 하다.)

인도의 젊은 부부는 결혼 생활 지속 여부를 선택할 수 있다. 자율적 선택과 바람직한 가이드의 결합은 지속성, 만족도, 사랑 면에서 인도의 중매결혼이 서구의 결혼보다 결과가 좋은 이유를 설명해준다. 사실 중매결혼을 통해 인도 부부가 경험하는 사랑은 심지어 '연애결혼'한 사람들보다 강고한 것으로 나타 난다. 인도 자이푸르에 있는 라자스탄대학 심리학자 우샤 굽타(Usha Gupta)와 푸슈파 싱(Pushpa Singh)은 1982년의 연구에서 '루빈 사랑 척도(Rubin Love Scale)'를 이용했다. 이 검사에서는 인도의 연애결혼에서 사랑이 미국에서의 사랑과 동일한 역할을 하는지 확인하고자 강렬하고 로맨틱한 서구식 애정도 를 측정했다. 점수는 높은 곳에서 시작해 매우 급속히 하락했다. 반면 중매결 혼의 애정도는 낮게 시작한 후 점차 증가해, 약 5년 만에 연애결혼의 애정도 를 넘어섰다. 결혼 10년차가 되자 애정도는 거의 두 배나 높아졌다.

어떻게 이런 일이 가능할까? 어떻게 중매결혼은 세월이 흐르면서 의도적으 로 사랑이 깊어지게 할까? 그리고 어떻게 하면 우리도 그렇게 할 수 있을까?

지난 몇 년간 중매결혼한 사람들을 인터뷰했는데, 그들의 사랑은 세월이 흐르면서 더욱 커졌다. 이런 부부 중에 미니애폴리스의 카이저와 셸리 헤이브 가 있는데 그들은 오랫동안 행복하게 결혼 생활을 하면서 영리하고 정서적으 로 안정된 자녀 둘을 두고 있었다. 방글라데시 출신 이민자 카이저는 미국에 서 안정적 생활 기반을 마련한 후 고국으로 돌아와 가족에게 결혼할 준비가 되었다고 알렸다. 나머지 일은 가족이 맡았다. 셸리와 겨우 한 번 만나고 나서 결혼 준비가 성사되었다. 카이저는 "첫눈에 호감"을 느꼈다고 말한다. "시간이 지나면서 서로를 알게 되고 사랑하게 되었습니다. 불꽃은 점점 더 커졌고, 앞으로는 지금보다 더 잘살 거라고 생각합니다."

카이저와 셸리의 경우가 예외는 아니다. 서던캘리포니아대학의 학생 만시 타카르와 필자는 2009년 국제 가족 관계 회담에서 30명을 대상으로 연구한 내용을 제시했다. 연구 대상이 된 사람들의 국적은 9개국, 종교는 다섯 가지로 나뉘었다. 평균 19.4년간 지속된 그들의 결혼에서 애정도는 10점을 척도로 평균 3.9점에서 8.5점으로 성장했다.

이들은 사랑의 성장에 기여한 열한 가지 요인을 밝혔는데 그중 열 가지는 내가 강의에서 검토한 과학적 연구와 아름답게 맞아떨어졌다. 가장 중요한 요인은 '헌신'이었고, 그다음 순위는 원활한 '소통 기술'이었다. 커플들은 또한 배우자와의 '비밀 공유'와, 한 파트너의 행동을 다른 사람의 필요에 맞추어 자발적으로 변화시키는 '순응'도 그 요인으로 꼽았다. (부상당하거나 질병으로 인한) 배우자의 '취약함' 또한 두드러지는 요인이었다. 여기서 서양인이 배울 점이 있다. 의도적으로 서로 상대방에게 연약하게 보일 만한 일을 하라. 커플이 함께 위험을 감수하며 짜릿한 시뮬레이션을 경험하라.

이 연구는 미국의 연구 결과와는 단 한 가지 점에서만 어긋난다. 피실험자 일부는 아이를 낳았을 때 애정도가 더 높아졌다고 말했다. 미국의 연구에서는 출산이 배우자에 대한 애정도에 위협 요인이 될 때가 많다. 아마도 관계가 시작될 때 품었던 강력한 감정과 비현실적 기대 때문일 것이다. 육아 스트레스는 그러한 기대를 깨뜨리고 결국 서로에 대한 긍정적 감정까지 무너뜨리는 경향이 있다.

사랑도 만들어가는 것이다

중매결혼을 자세히 살펴보고 그 장점을 관계의 과학에서 축적된 지식과 조합하면 꼭 중매로 결혼하지 않아도 사랑에 대한 실제적 통제력을 얻을지도 모른다. 미국인은 파트너를 선택할 자유, 판타지, 깊고 오래가는 동화 속 사랑 전부 다를 원한다. 세월의 흐름에 따라 더욱 깊은 사랑을 만들어가는 기술을 배우고 실천함으로써 이상적 사랑을 달성할 수 있다. 그리고 사랑이 희미해질 기미가 보이면 사랑의 재탄생을 위해 그 기술을 사용할 수 있다. 그저 운에 맡기는 것을 대안으로 보는 건 타당하지 않다.

사랑 만들기

재미있는 연습이 몇 가지 있는데, 모두 과학 연구에서 착안했다. 파트너와 의도적인 친밀감을 쌓는 것을 목적으로 이를 이용할 수 있다. 상대가 모르는 사람일 때도 가능하다.

❶ 둘이 하나로 : 서로를 부드럽게 껴안는다. 파트너의 호흡을 느끼고, 점점 자신의 호흡을 상대의 호흡과 일치시키도록 노력한다. 아마 몇 분 후면 두 사람이 하나가 된 기분을 느낄 것이다.

❷ 영혼 응시 : 서로에게 60센티미터쯤 떨어져 서거나 앉은 채 서로의 눈을 깊이 들여다본다. 그러면서 내 존재의 가장 깊은 핵을 들여다보려고 노력한다. 2분 후 무엇을 보았는지 서로 이야기한다.

❸ 원숭이 사랑 : 서로 아주 가까이 앉거나 서서 손과 팔다리를 아무렇게나 움직이는 동시에 파트너를 완벽하게 따라하려고 한다. 해보면 재밌지만 어렵기도 하다. 당신과 상대는 둘 다 아무렇게나 움직이는 것처럼 느끼는 동시에 당신의 동작이 파트너의 동작과 연결된 듯한 느낌을 받을 것이다.

❹ 사랑에 빠지기 : 이는 신뢰 연습으로, 상호 취약성의 감각을 증가시키는 많은 연습 가운데 하나다. 선 자세에서 파트너의 팔 안으로 넘어진다. 그 후 파트너와 자리를 바꾼다. 몇 번 반복 후 느낀 감정을 파트너와 이야기한다. 낯선 사람과 이 연습을 한 후 이따금 서로에게 연결된 기분을 몇 년씩이나 이어가기도 한다.

❺ 비밀 교환 : 심오한 비밀을 하나 적는다. 파트너도 똑같이 한다. 그 후 종이를 교환해 읽은 것에 관해 이야기한다. 모든 비밀이 없어질 때까지 이 과정을 계속할 수 있다. 다음날까지 몇 가지 비밀을 유지하면 더욱 좋다.

❻ 마음 읽기 게임 : 파트너에게 전달하고 싶은 생각을 적는다. 그 후 상대에게 말없이 그 생각을 전달하려고 해본다. 상대는 그 생각을 알아맞힌다. 상대의 추측이 틀리면 내 생각을 밝힌다. 역할을 바꾸어본다.

❼ 날 받아들이게 하기 : 1미터쯤 떨어져서 서로에게 초점을 맞춘다. 약 10초마다 조금씩 더 가까이 다가가서, 몇 번 만에 서로 상대의 개인적 공간에 들어오게 한다(경계는 50센티미터). 상대를 건드리지 않고 되도록 가까이 다가간다(이 연습이 키스로 끝났다고 말하는 학생도 종종 있다).

❽ 사랑의 아우라 : 손바닥을 상대의 손바닥에 가능한 가까이 갖다 대되 실제로 닿지는 않게 한다. 이를 몇 분간 하면 열감뿐만 아니라 더러 기묘한 종류의 스파크를 느낄 것이다.

3-4 행복한 커플의 비밀

수전 필레기 파웰스키

펜실베이니아주 앰블러시 출신 초등학교 교사 리사는 들뜬 목소리로 퇴근한 남편에게 기쁜 소식을 전했다. "여보, 무슨 일이 있었는지 알아맞혀봐요. 여름학교에서 일하게 됐어요!" 남편은 "우와, 축하해요. 당신이 얼마나 그 일을 바랐는지 알아요"라고 대꾸했다. 리사의 남편이 굿뉴스에 반응한 방식은 또한 그들의 결혼에도 굿뉴스였다. 몇 년 후에도 여전히 그 결혼은 튼튼히 유지되었다. 그러한 긍정적 반응은 관계 유지에 핵심 요인으로 보인다.

많은 연구들은 결혼 같은 친밀한 관계가 삶의 만족도에 가장 중요한 근원이 됨을 보여준다. 대다수 커플은 최선을 다하겠다고 마음먹으며 관계를 시작하지만 그중 많은 커플이 깨어지거나 결혼 생활에 시들해지고 만다. 그렇지만 행복한 결혼 생활을 유지하고 번창하는 커플도 있는데 그들의 비밀은 무엇일까?

신생 분야인 긍정심리학 연구에서 몇 가지 실마리가 제시되었다. 1998년 펜실베이니아대학 심리학자 마틴 셀리그먼(Martin Seligman)이 창립한 이 학문은 인간의 긍정적 감정, 능력, 그리고 삶에서 의미 있는 그 무엇에 대한 연구를 아우른다. 과거 몇 년간 긍정심리학 연구자들은 잘 사는 커플은 불행하게 살거나 헤어지는 커플보다 삶에서 긍정을 강조한다는 점을 발견했다. 그들은 역경의 시기를 잘 극복할 뿐 아니라 행복한 순간을 축하하고 인생의 밝은 면을 지키려 노력한다.

행복한 커플이 굿뉴스를 다루는 방식은 어려운 상황에서 서로를 위로하는 능력보다도 관계에 중요하다. 또한 행복한 부부는 불행한 부부에 비해 부정적 사실에서도 긍정적 측면을 발견하는 경향이 있다. 이를 위한 몇 가지 전술은 타인과의 관계 강화에 도움이 된다. 관계의 성공을 위한 요인은 바로 열정의 향상이다. 의미 있는 타인에게 건전하게 헌신하는 법을 배우면 한층 만족스러운 결합이 가능하다.

즐거운 시간을 더욱 즐겁게

이제까지는 대체로 파트너들이 서로의 불행에 반응하고 부부가 질투, 분노 등의 부정적 감정을 관리하는 방식에 초점을 맞춰왔다. 부족함 완화에 초점을 맞추는 전통적 심리학과 궤를 같이하는 접근법이다. 그러한 연구에서는 상황이 나빠져도 파트너가 자신을 지지할 거란 믿음이 성공적 관계의 열쇠라고 보았다. 그런데 2004년, 현재 캘리포니아대학 샌타바버라 캠퍼스에 있는 심리학자 셸리 게이블(Shelly L. Gable)과 동료들은 서로 사랑하는 커플은 긍정적 사건을 상대방과 놀라울 정도로 많이 공유한다는 사실을 발견했다. 그렇다면 상황이 좋을 때도 파트너의 행동이 중요한지 연구자들은 궁금해졌다.

2006년 발표된 연구에서, 게이블과 동료들은 실험실에서 데이트 중인 남녀를 영상으로 녹화했다. 피실험자들은 차례로 긍정적 사건과 부정적 사건을 이야기했다. 대화 후에 각 개인은 파트너의 자신에 대한 '반응', 즉 자신에 대한 이해, 인정, 관심을 점수로 매겼다. 그동안 관찰자들은 그들의 적극적·건설적 반응(참여와 지지)에 점수를 매겼다. 듣기에서의 집중, 긍정적 발언과 질문 등을 그 증거로 보았다. "잘됐네, 하니(That's nice honey)" 같은 수동적·포괄적 반응에는 낮은 점수를 매겼다. 커플은 관계에 대한 자신의 헌신과 만족도를 스스로 평가하기도 했다.

연구자들은 파트너가 부정적 소식에 연민의 반응을 보일 경우보다 긍정적 소식에 지지의 반응을 보일 경우, 상대방 반응에 높은 점수를 주었음을 발견했다. 파트너의 좋은 소식에 대한 반응이 불행한 사건에 대한 반응보다 관계의 건강에 강력한 영향을 미칠 수 있다는 뜻이다. 게이블은 문제 해결이나 실망에 대한 대처가 관계에 중요하긴 해도 행복한 한 쌍의 자산인 즐거움을 느끼게 해주지는 못할 것으로 본다.

아울러 굿뉴스에 적극적·건설적 방식으로 대답한 커플은 부정적·파괴적 방식으로 반응한 사람들보다 거의 모든 유형의 관계 만족도에서 높은 점수를 얻었다. (화제를 바꾸는 식의 수동적 반응은 관심 부족을 의미한다. "그러면 일이 엄청 늘겠네!" 등의 부정적 진술은 파괴적 반응에 포함된다.) 놀랍게도 ("잘됐네, 하니" 같은) 수동적·건설적 반응은 파트너의 굿뉴스에 대한 직접적 폄하 못지않게 해로웠다. 이런 데이터는 적극적·건설적 반응을 보이는 사람들의 갈등이 적고, 재미있는 활동에 대한 참여가 높다는 이전의 결과와 부합한다. 또한 이런 커플은 헤어질 가능성이 낮다. 적극적·건설적 반응은 듣는 사람이 왜 굿뉴스가 중요한지 신경 쓴다는 뜻이다. 그것은 파트너를 '이해한다'는 의미를 전달한다. 반대로 부정적·수동적 반응은 소식 자체에도, 소식을 전하는 사람에게도 관심이 없다는 신호다.

감사하게도, 인생에서 낙관적 소식을 응원할 기회는 여러 번 찾아온다. 게이블과 버지니아대학 사회심리학자 조너선 하이트(Jonathan Haidt)의 2005년 연구에 따르면 사람들은 부정적 사건보다는 긍정적 사건을 겪는 경우가 세 배는 많다. 그리고 파트너의 굿뉴스에 대한 열정적 반응과 마찬가지로, 자신의 긍정적 경험을 파트너에게 들려주는 행위 또한 관계 만족도를 향상시킨다. 게이블은 2010년《실험사회심리학의 진보(Advances in Experimental Social Psychology)》지에 67쌍의 일기를 연구 발표했다. 이에 따르면 파트너에게 행복한 사건을 들려준 날, 파트너와의 결속감과 결합 덕분에 깊은 안정감을 느꼈다고 보고한 커플이 많았다.

긍정적 감정이 가진 힘

좋은 시기를 잘 즐기면 커플의 멤버 모두에게 긍정적 감정이 크게 상승한다. 10년 전 노스캐롤라이나대학 채플힐 캠퍼스의 긍정심리학 선구자 바버라 프레드릭슨(Barbara L. Fredrickson)은 스쳐 지나가는 사소한 긍정적 감정도 사고(思考)의 폭을 넓혀주고 서로를 가깝게 해준다는 사실을 보고했다. 프레드릭슨에 따르면 낙관적 관점은 큰 그림을 보게 하고, 사소한 것에 집착하지 않게 한다. 이 광각 시야는 새로운 가능성을 조명하며 어려운 문제에 해결책을 제시한다. 또 인간관계의 갈등이나 삶의 역경에 잘 대처하게 한다. 그것은 또한 '나'와 '너'의 경계를 무너뜨리고 강력한 감정적 애착을 형성해준다. "긍정적 생각으로 마음이 넓어지면 인간관계에 대한 관점이 바뀌고 타인을 나의 가슴에 데려올 수 있습니다"라고 프레드릭슨은 말한다.

프레드릭슨은 긍정적 정서가 부정적 정서를 3대 1로 압도하는 순간 삶과 사랑에서 탄성적일 수 있는 티핑포인트(tipping point)에* 도달한다고 말한다. 세계적으로 저명한 결혼 전문가이자 워싱턴대학 심리학과 명예교수 존 고트먼의 연구에 따르면 만족스러운 결혼 생활

*작은 변화들이 점점 쌓이다 한 번의 작은 변화가 더해지면 큰 변화가 일어날 수 있는 지점.

을 오래 유지하는 사람은 긍정 대 부정의 비율이 5대 1을 맴돌 정도로 긍정적 정서가 우월하다. 프레드릭슨은 《긍정(Positivity)》(2009)이라는 저서에서 가장 흔한 긍정적 감정을 열 가지 열거한다. 바로 기쁨·감사·평온·관심·희망·자부심·재미·영감·경외심·사랑이다. 이 모두가 중요하지만 그중에서도 감사는 관계에 가장 소중한 감정이다. 수시로 감사를 표현하면 파트너의 사소한 호의나 다정한 행동을 당연시하지 않고 고마움을 느끼는 데 도움이 된다.

다음은 《개인적 관계(Personal Relationships)》(2010)에 발표된 연구 내용이다. 채플힐 소속 사회심리학 연구자 새러 엘고(Sara B. Algoe)와 동료들은 동거하는 커플에게 그날 하루 파트너에게 느낀 감사의 마음을 2주 동안 적어보라고 했다. 그중 36퍼센트는 부부이거나 약혼한 상태였다. 그들은 감사의 마음뿐 아니라 관계 만족도와 파트너와의 연대감에 대해서도 평가했는데 파트너에게 고마움을 느낀 날에는 높은 관계 만족도와 상대와의 연결성을 느꼈다. 하루가 지난 후에 만족도가 더 커지는 것을 경험하기도 했다. 아울러 파트너

들(감사를 받는 측)도 상대방과 같은 날 높은 관계 만족도와 상대와의 연결성을 느꼈다. 이처럼 감사의 순간은 로맨틱 관계에서 강장제 역할을 하는지도 모른다.

감사의 마음이 파트너 양측에 영향을 주고, 감사의 표현은 관계 만족도에 중요한 역할을 한다는 생각을 앨고와 프레드릭슨, 동료들은 테스트로 증명해보기로 했다. 그들은 연인들에게 파트너가 최근 자신에게 해준 좋은 일을 적고, 그러한 호의에 제대로 감사 표현을 했는지 1점(전혀 그렇지 않다)에서 7점(매우 그렇다)으로 평가하게 했다. 그 결과 감사 점수가 1점 상승할 때마다 커플이 6개월 안에 헤어질 확률이 절반으로 줄었음이 밝혀졌다.

건강한 열정에 불을 지펴라

열정도 감사와 마찬가지로 타인과의 연대를 강화해준다. 열정을 절박한 열망과 동일시하는 사람들이 많다. 심지어 "당신 없이는 못 살아(I can't live without you)" "당신이 곁에 없으면 집중이 안 돼(I can't concentrate when you're not around)" 등의 노랫말도 있지 않은가.

몬트리올 퀘백대학 사회심리학자 로버트 밸러랜드(Robert Vallerand)는 타인을 멋대로 지배하려는 고삐 풀린 강박적 열정은 건강한 관계에 이롭기는커녕 열정이 없는 것만큼이나 해롭고 성적인 면이나 그 외의 면에서도 관계의 만족감을 떨어뜨린다고 말한다.

그러나 건강한 열정, 즉 사랑하는 사람이나 활동에 저절로 기우는 경향은 이롭다. 조화로운 열정과 강박적 열정을 과학적으로 측정한 '낭만적 열정 척도(Romantic Passion Scale)' 조사를 통해 밸러랜드는 조화로운 열정이 커플의 관계 형성을 돕는다는 사실을 발견했다. 이는 자신의 정체성을 유지한 채 파트너와 가까워지게 해주기 때문이다. 그랬을 때 한층 성숙한 파트너십이 함양될 수 있다. 그러한 친밀감은 타인에게 과도하게 집착하여 자아를 희생하는 일 없이 꾸준히 자신의 취미와 관심사를 추구하게 해준다. (조화로운 열정을 통한 활동에는 인지적·감정적 이점이 있다. 집중력, 긍정적 시각, 정신적 건강의 향상 등이다. 그런데 이런 이점이 로맨틱한 관계에도 적용되는지는 아직 연구된 바가 없다.)

밸러랜드는 즐거운 취미 활동에 파트너와 함께 참여하면 건전한 열정이 고양된다고 말한다. 타인과 신나는 활동에 참여하면 서로의 매력이 증진된다. 그러나 너무 진지한 경쟁은 피해야 한다. 야외 활동의 핵심은 승리보다는 함께 즐거운 시간을 보내는 데 있다.

때로 내가 상대를 사랑하는 이유, 그리고 우리의 관계가 중요한 이유를 편지에 써서 파트너에게 보여주자.

긍정적 감정 끌어올리기

전문가들은 삶에 긍정적 감정을 불어넣는 데 도움이 될 팁을 제공한다. 첫째, 파트너의 긍정적 발언에 건설적으로 응답하는 법을 배울 것. 관심, 지지, 열정을 표현할 기회를 놓치지 말자. 직장에서의 멋진 프레젠테이션이나 로드레이스에서 세운 기록은 아낌없이 칭찬해주어라. 둘째, 자신에게 정기적으로 이렇게 물을 것. '오늘 어떤 굿뉴스를 들었지? 그걸 어떻게 축하해줄 수 있을까?' 우선 파트너의 기쁨에 긍정적 태도를 보이고, 승진의 실제적 단점 같은 우려는 나중에 이야기하라. 아울러 대화에 집중하고 적극적으로 참여하라. 질문을 하고 비언어적으로 관심을 표하라. 눈맞춤을 유지하면서 몸을 앞으로 기울이고 고개를 끄덕여라. 상대방 말을 이런 식으로 되풀이하면서 잘 들었다고 어필하라. "당신, 새로운 일을 하는 게 정말 신나 보이는군."

다양한 연습을 통해 부정적 감정 대비 긍정적 감정의 비율을 끌어올릴 수 있다. 하루하루 의식적으로 활기찬 감정을 불어넣고 시간을 내어 그런 감정을 자극하는 활동을 해본다. 자연과 친밀감을 느끼기 위해 지금 당장 걸어갈 수 있는 공원이나 아름다운 경관을 찾아보자. 정기적으로 이런 장소에 찾아가 운동, 명상, 데이트를 하자. 덧붙여 현재·과거·미래에 삶의 일부가 될 긍정적 감정을 음미하는 연습을 하라. 그런 활동이 자극하는 감정에 강력히 집중함으로써 그 사건을 마음껏 음미하라.

긍정 점수를 향상시킬 수 있는 또 다른 아이디어가 있다. 긍정적 감정을 불러오는 의미 있는 수집물로 '긍정의 포트폴리오'를 만드는 것이다. 예를 들면 기분이 좋아지는 노랫말이나 보기만 해도 웃음이 나오는 그림으로 콜라주를 만들어보자. 이렇게 기쁨을 캡슐에 넣어놓고 매일 20분간 바라보기만 해도 긍정 점수를 향상시킬 수 있다. 따분한 업무에 재미나 기쁨을 접목하려 시도해보자. 프레드릭슨은 재료 계량과 채소 썰기에 아이들 도움을 받으면서 저녁 준비를 즐거운 가족 활동으로 만들라고 제안한다. 이렇게 하면 아이들이 영양에 관해 배우는 기회도 된다. 저녁 식사를 준비하면서 로맨틱한 음악이나 재밌는 음악을 들어도 좋다. 아이의 없어진 신발 한 짝을 찾는 일은 찾아낸 사람이 상을 받는 재밌는 게임으로 바뀔 수도 있다.

파트너에게 감사할 기회를 찾아라. 프레드릭슨은 "파트너가 사려 깊음을 보여준 작은 순간을 강조하고, 그들에게 표현하려고 노력하세요"라고 말한다. 이렇게 날마다 내게 일어나는 무언가 긍정적인 일을 함께 나눌 시간을 찾아라.

4

뇌의 섹스와 사랑

4-1 사랑에 빠진 당신의 뇌

마크 피셰티

로맨틱한 열정에 관해서라면 남녀 모두 뇌의 열두 가지 영역에 감사할 필요가 있다. 열정적 사랑, 모성애, 무조건적 사랑 등을 경험하고 있는 사람을 대상으로 연구자들은 fMRI 연구 결과를 비교해 욕망의 종류를 밝히려 했다. 뇌의 각 영역은 신경전달물질을 비롯한 화학물질을 뇌와 혈류에 분비해 매력, 즐거움 등 강렬한 희열의 감정을 자극한다. 언젠가는 정신과 의사가 그런 화학물질로 실연 후 심각한 우울증에 빠진 사람을 도와주게 될지도 모른다.

또한 열정은 뇌의 각 영역을 자극하고 화학물질이 솟아나게 해서 인지적 기능을 향상시킨다. "네트워크의 상호작용 방식이 핵심입니다." 연구를 주도한 시라큐스대학 심리학과 조교수 스테파니 오티그(Stephanie Ortigue)가 말한다. 인지 기능은 다시금 "사랑 네트워크의 활성화를 촉발하는 방아쇠가 됩니다."

밸런타인데이에 연인과 이를 주제로 대화를 나눠보는 것도 나쁘지 않을 것이다.

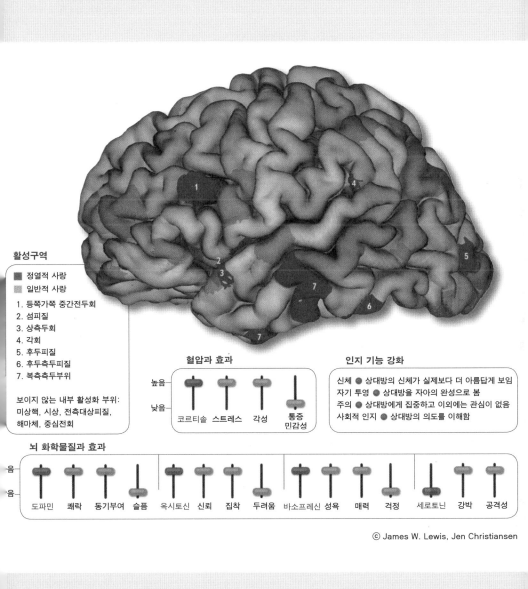

활성구역

■ 정열적 사랑
▨ 일반적 사랑

1. 등쪽가쪽 중간전두회
2. 섬피질
3. 상측두회
4. 각회
5. 후두피질
6. 후두측두피질
7. 복측측두부위

보이지 않는 내부 활성화 부위:
미상핵, 시상, 전측대상피질,
해마체, 중심전회

혈압과 효과

높음

낮음

코르티솔 스트레스 각성 통증 민감성

인지 기능 강화

신체 ● 상대방의 신체가 실제보다 더 아름답게 보임
자기 투영 ● 상대방을 자아의 완성으로 봄
주의 ● 상대방에게 집중하고 이외에는 관심이 없음
사회적 인지 ● 상대방의 의도를 이해함

뇌 화학물질과 효과

음

음

도파민 쾌락 동기부여 슬픔   옥시토신 신뢰 집착 두려움   바소프레신 성욕 매력 걱정   세로토닌 강박 공격성

© James W. Lewis, Jen Christiansen

4-2 사랑이라는 신경화학적 충격과 강박

사랑은 사람을 미치게 하는 감정이다. 사랑에 빠지면 어딘지 불편하고 들뜬 기분을 느낀다. 경이롭고 황홀하다. 사랑에 압도되는 느낌을 받은 적이 있는 가? 심장이 뛰고 돌아버릴 것 같고 끝없이 빠져든다. 그런데 사랑에도 '너무 심한' 정도가 있을까? 정상적인 사랑, 욕망, 사랑중독의 차이점은 무엇이며 그 경계선은 어딜까?

나의 지인 일레인은 인생을 즐길 줄 아는 40대 중반의 매력적 여성이다. 어 느 날 그녀가 오랫동안 사귀다 헤어진 남자 친구 리처드를 보러 가자고 했다. 우리는 그의 집에 도착했고 다행히 리처드가 외출 중이라는 사실을 알게 되 어 나는 안도의 한숨을 내쉬었다. 그런데 두 시간 전만 해도 나와 쇼핑을 하며 패션 팁을 교환하던 일레인은 이제 리처드의 쓰레기통에서 와인병 두 개를 발견하고는 슬픔에 젖었다. 와인병은 리처드에게 새로 만나는 여자가 생겼다 는 증거였다.

대체 일레인의 분별력은 어디로 사라졌을까? 애정의 대상이 내게서 더욱 멀어질 위험을 무릅쓰고 어떻게 그런 짓까지 하는 걸까?

물론 여성만 그런 건 아니다. 예전에 잡지사 경영진인 한 남자와 잠깐 데이 트를 한 적이 있는데 그는 이별 통보 후에도 몇 달, 몇 년간이나 전화와 이메 일로 관계 유지를 호소했다. 뉴욕 성공담의 완벽한 전형이라고 할 남자, 특권

120

과 매력, 영향력을 모두 지닌 남자, 대체 그는 왜 그토록 절박한 행동을 하는 걸까?

이런 이야기는 어디서나 흔하다. 그중 극단적 사례는 내가 일하는 인베스티게이션 디스커버리 방송국의 〈스토킹(Stalked)〉 같은 프로그램을 통해 널리 알려진다. 집착의 무서운 형태인 스토킹은 사랑의 집착이 갈 데까지 간 결과다.

파트너에 대한 '강박적 필요'는 마약 못지않게 심리학적으로 해롭고 어쩌면 마약보다 더 해로울 수도 있다. 알코올 중독이나 약물중독은 회복을 기대할 수 있지만 그토록 평생 갈구하는 사랑을 얻지 못한다면 치료제가 없다.

인류학자 헬렌 피셔의 《우리는 왜 사랑하는가(Why We Love)》를 읽은 후 우리가 사실상 얼마나 서로를 필요로 하는지 깨닫고 충격을 받은 적이 있다. 우리는 사랑하는 사람의 기분에 따라 상승하고 추락한다. 사랑과 함께 영고성쇠를 거듭한다. 어떻게 이를 부정적으로 볼 수 있겠는가?

피셔는 미국과 일본의 대학 부근에서 (참가자 839명을 대상으로) 서로에게 어느 정도 애착을 느끼는지 단순한 설문조사를 실시했다. 다른 핵심 인구통계학을 통해 나이, 젠더, 인종 집단, 반응은 일관적으로 유지되었다.

○ 결과
- 남성 73%와 여성 85%는 사랑하는 사람의 사소한 말과 행동을 기억했다.
- 남성 79%와 여성 78%는 학교나 직장에서도 늘 사랑하는 사람을 생각했다.

더욱이 남성 47%와 여성 50%는 "어떤 식으로 시작되든 내 생각은 늘 _____ 생각에서 멈춘다"고 대답했다.

- 남성 68%와 여성 56%는 "내 감정적 상태는 _____가(이) 나를 어떻게 느끼느냐에 달려 있다"라는 말에 찬성했다.

이처럼 사람들은 로맨틱한 사랑의 대상에게 정신적 지분의 상당량을 바친다. fMRI 결과는 로맨틱한 사랑이 중독적 약물의 한 형태라는 생각을 뒷받침한다(PDF 자료도 있다). 그것은 오피오이드(opioid) 및 코카인(cocaine)과 동일한 경로, 즉 중간 변연계의 보상체제를 자극한다. 이는 피셔의 지적처럼 내성과 금단증상과 재발이 가능하게 한다. 둘이 비슷해 보이는가?

약물중독자와 마찬가지로, 악순환을 깨고 중독된 파트너에게 벗어나려고 노력하는 사랑중독자는, 편도체나 파충류의 뇌를 자극해 갈망을 '이용'으로 끌어올리는 상황을 피해야 한다. 옛 만남의 장소, 함께 들었던 노래, 공유했던 취미 등은 재발을 유발하는 방아쇠가 될 수 있으니 멀리하는 편이 낫다.

'재발'은 중독이라는 무의식적이고 광적인 행위와 무척 비슷해 보인다. 데렉 월콧(Derek Walcott)의 시 〈주먹(The Fist)〉은 이를 잘 묘사한다.

첫 주먹이 내 심장을 움켜쥐었다.

살짝 놓아주자 나는 힘겹게 빛을 빨아들이지만

주먹은 다시 나를 움켜쥔다.

내가 사랑하지 않은 적이 있었나, 사랑의 고통을?

그렇지만 사랑은 광기로 변해버렸다.

이것은 광인의 억센 손아귀 힘으로

비합리의 절벽에 매달려 있다,

심연으로 비명을 지르며 떨어지기 전에.

그렇다면 심장이여, 더 세게 쥐어라.

적어도 이것이 살길이니.

심지어 매우 '정상'으로 보이는 사람도 사랑에 퇴짜 맞거나 실연당하면 정신줄을 놓아버린다. 금단증상 때문에 사랑이란 약물의 신경화학적 투여를 갈망하고 그것을 구할 수만 있다면 목숨이라도 바치고 싶은 심정이 된다, 약물 중독 상태에 있는 많은 사람이 흔히 그러하듯이……. 그것이 바로 뇌 화학의 본성이다.

그렇지만 피셔에 따르면 결국 우리가 추구하는 것은 장기적 재발, 신경화학적 흐름의 안정적 유지, 그리고 애착이다. 그러니 스스로를 곱게 다루고, 이 태곳적 사랑과 애정을 향한 욕구가 모두에게 존재한다는 사실을 이해해야 한다. 그리고 회복 단계지만 여전히 욕구를 느끼는 자신을 다정하게 대해주어야 한다.

4-3 사랑은 어떻게 창의력의 원천이 되는가?

니라 리버맨·오렌 샤피라

불멸의 희곡 〈로미오와 줄리엣〉, 걸작 건축물 타지마할, 퀸의 팝송 명곡 〈러브 오브 마이 라이프(Love of My Life)〉 등 사랑은 수없이 많은 예술작품에 영감을 주었다. 왜 사랑은 그토록 자극적인 감정일까? 왜 사랑에 빠지는 행위, 사랑에 관해 생각하는 행위는 창의적 생산성이 샘솟게 하는 걸까?

사랑에 빠질 때 사람은 일상적 방식과는 다르게 생각할 가능성이 있다. 암스테르담대학의 옌스 푀르스터(Jens Förster), 카이 엡스튜드(Kai Epstude), 아미나 오젤셀(Amina Özelsel) 같은 심리학자들은 이런 로맨틱한 가정을 검증한 적이 있다. 이들은 사랑이 진정 사고(思考)를 변화시키며 이 심오한 감정은 단순히 섹스에 관해 생각하는 것이 아닌, 다른 방식으로 생각하게 해준다는 사실을 발견했다.

이 지혜로운 실험은 사랑이 전역처리(global processing)를 유발해 생각을 달리하게 해주고, 창의적 사고는 촉진하고 분석적 사고는 방해한다는 것을 보여주었다. 그러나 섹스에 관한 생각은 정반대 효과를 나타낸다. 그것은 국지처리(local processing)를 유발해 분석적 사고는 촉진하고 창의성은 방해한다.

왜 사랑은 종합적으로 생각하게 해줄까? 로맨틱한 사랑은 장기적 시각을, 성적 욕망은 단기적 시각을 유도한다. 사랑은 보통 한 사람과의 오랜 애착을 희망하고 목표하기 때문이다. 반대로 성적 욕망은 '지금 이곳'에서 성적 활동에 참여하는 데 초점을 맞춘다. 이러한 생각에 부합하는 결과가 실험에서 나타났다. 사람들에게 로맨틱한 데이트나 일회용 섹스 중 하나를 상상해보라고 하니 로맨틱한 데이트를 상상한 사람은 일회용 섹스를 상상한 사람들보다 데이트를 먼 미래의 일로 예상했다.

해석수준이론(construal level theory, CLT)에 따르면 먼 미래나 과거의 사건 또는 심리적 거리 두기(육체적으로 멀리 있는 사물, 사람에 관해 생각하거나 현실과 거리가 먼 대안을 생각하는 것)에 관한 생각은 전역처리 양식을 유발한다. 이렇게 심리적 거리 두기는 개개의 나무보다는 전체 숲을 보게 한다.

전역처리 양식은 멀고 일상적이지 않은 연관 관계를 떠올리게 하여 창의적 사고를 촉진한다. 예를 들면 파트너의 선물을 고를 때 국지적 마음가짐이라면 직접적이고 확실한 선택지에 초점을 맞추고 시계, 책, 향수 등 화려한 포장지에 싸인 만질 수 있는 물체를 고려한다. 하지만 종합적으로 생각하면 '상대를 행복하게 만드는' 그 무엇도 선물이 될 수 있다. 함께하는 휴가 여행, 작곡, 집 청소와 꾸미기 등 다양하고 독창적인 아이디어가 떠오른다. 그렇다고 늘 종합적으로 생각해야 한다는 뜻은 아니다. 국지처리는 창의성은 방해하지만 분석적 사고를 촉진하면서 국지적 규칙의 적용을 요구한다. 예를 들면 커다란 가구 전시장에서 이미 정해진 범주(크기, 색상, 가격 등)에 맞는 가구를 찾고 있다면 국지적 마음가짐은 매력적이지만 무관한 옵션에 한눈파는 일 없이 세부 사항에 초점을 맞추고 목표물을 찾도록 도와준다.

결과적으로 사랑은 전역처리를 이끌어내는 장기적 관점을 활성화해서 창의력을 촉진하고 분석적 사고를 방해한다. 반대로 섹스는 국지처리를 유발하는 단기적 관점을 활성화해서 분석적 사고를 촉진하고 창의적 사고를 방해한다.

연구자들은 이 모형을 뒷받침하는 두 건의 연구 결과를 발표했다. 첫 번째 연구에서 피실험자들은 세 가지 상황 중 하나를 상상했다. 사랑하는 사람과의 오랜 산책(사랑 조건), 매력을 느끼지만 사랑하지는 않는 사람과의 일회용 섹스(섹스 조건), 혼자 하는 쾌적한 산책(대조 조건)이라는 상황이다. 참가자들은 상상을 끝낸 후 창의적 통찰력에 관해 세 문제를 풀고 분석적 사고력 측정에 관해 네 문제를 풀었다. 후자는 GRE(미국 대학원 입학 자격시험)의 논리 문제였다(A〈B, C〉B라면? 등). 예측대로 사랑 조건의 피실험자들은 대조군에 비해 창의력 문제를 잘 풀었고 분석력 문제를 어려워했다. 섹스 조건의 피실험자들은 대조군에 비해 창의력 문제를 어려워하고 분석력 문제를 잘 풀었다.

두 번째 연구에서는 사랑과 섹스를 연상시키는 미묘한 단서들이 비슷한 효과를 나타내는지 검토했다. 참석자들은 과제의 일부로 사랑에 관련된 단어(loving), 섹스에 관련된 단어(eroticism), 아무 단어도 아닌 글자(XQFBZ)를 부지불식간에 제시받았다. 그런 다음 첫 번째 연구와 동일한 GRE 문제를 풀게 해서 분석적 사고를 측정했다. 이번에는 생성 과제(generation task)를 이용해 창의적 사고를 측정했다. 피실험자들이 제한된 시간에 벽돌이라는 일정한 물체의 쓰임새를 되도록 많이 제시하게 하는 방법이다. 첫 번째 연구와 똑같이 사랑 조건의 피실험자들은 대조군에 비해 창의적 쓰임새를 많이 만들어냈고 분석 문제를 어려워했으며 섹스 조건 피실험자들은 반대 패턴을 보였다.

이런 실험에는 어떤 의의가 있을까. 여기서 주목할 점은, 사랑과 섹스가 단지 사랑하는 사람이나 욕망에 대한 생각뿐 아니라 모든 것에 관한 사고방식에 영향을 미친다는 것이다. 연구자들은 다른 실험에서도 이러한 경향을 증명했다. 사랑에 빠진 사람은 사랑하는 사람의 여러 가지 특성을 구분하기 어려워한다. 예를 들면 "그렇게 잘생긴 사람은 틀림없이 성격도 다정할 거야!"라는 식으로 한 가지 특성을 통해 다른 특성까지 멋대로 짐작한다. 흔히 후광효과(halo effect)라 불리는 현상이다. 사랑이 다른 대상들에도 후광효과를 부추길까? 물론이다. 연구자들은 후광효과가 전역처리에 영향을 미친다고 추론하기도 했다. 그러므로 사랑에 관해 생각할 때는 후광효과가 증가하고 섹스에 관해 생각할 때는 감소할 것이다. 그들은 평가의 예측된 패턴(즉 사랑에 관한 생각 후에는 서로 다른 자질이 덜 분화되고, 섹스에 관한 생각 후에 더 분화되는)을 단순히 로맨틱한 상대에 대한 평가뿐 아니라 한 의자의 서로 다른 양상을 평가하는 데서도 발견했다. 이처럼 사랑에 관한 생각, 장기적 관점과 전역처리를 촉진하는 모든 것에 관한 생각은 창의력을 높여준다.

아마도 사랑은 지금 이곳에서 먼 미래를, 심지어 영원에 대해 숙고하는 초월적 존재를 지각하게 해주는 특별히 강력한 방식인지도 모른다.

4-4 사랑은 마약 같은 것

캐시 로덴버그

사랑이 아프다고 누가 말했던가? 새로운 연구는 강렬하게 로맨틱한 감정은 마약과 동일한 신경 경로를 이용해 실제로 육체적 고통을 완화한다는 사실을 보여주었다.

이 연구에 참여한 대학생들은 사랑하는 사람의 사진을 보는 것만으로 고통이 많이 사라지는 것을 경험했다. 《플로스원(PLoS ONE)》에 발표된 연구 결과에 따르면 뇌의 보상중추에서 일어나는 상승작용 덕분에 이러한 효과가 발생한다.

뉴욕주립대학 스토니브룩 캠퍼스 심리학과 교수이며 그 연구의 공동 집필자 아서 아론(Arthur Aron)은 말한다. "뜨거운 사랑이 활성화하는 뇌 영역은 약물이 통증을 줄이려고 이용하는 곳과 동일합니다. 이때 뇌의 보상중추는 집중적으로 활성화됩니다. 코카인을 복용하거나 돈을 많이 벌었을 때 불이 들어오는 영역이기도 하지요." 사랑의 고통 완화효과를 보여준 연구는 전에도 있었지만 그 과정 동안 뇌의 작용을 들여다본 것은 이 연구가 처음이었다.

연구자들은 사귀기 시작한 지 아직 9개월이 안 된 사람들을 모집했다. 피실험자들의 열정이 최고조에 있어야 하기 때문이다. 스탠퍼드 의과대학의 조교수이자 역시 그 연구의 공동 집필자 션 마케(Sean Macke)는 "파트너에게 희열과 정열을 느끼는 피실험자를 원했습니다"라고 말한다.

"열정적 사랑을 묘사하다 보면 어떤 면에서는 중독 같기도 합니다. 이 감정은 실제로 도파민(dopamine)이 하는 것과 똑같이 뇌 시스템에 관여할지도 모른다고 생각했습니다." 마케의 말이다. 사랑은 기분이 좋아지게 하는 도파민 신경전달물질의 폭발적 상승을 일으킬 수도 있다.

연구자들은 사랑에 홀딱 빠진 학생 15명을 세 그룹으로 나누어 애인의 사진을 보여주거나 매력적 지인(애인과 동갑에 동성인)의 사진을 보여주거나 중립적 감정의 단어를 연상하게 한 후 fMRI를 이용해 그들의 뇌를 살펴보았다.

이러한 과정 동안 피실험자들은 손에 따뜻한 정도, 불편한 정도, 고통스러운 정도의 열 자극을 받고 자신이 경험한 고통의 수위를 보고했다. 피실험자들은 54차례의 무작위적 자극을 받으면서 감정의 영향을 최소화하기 위해 머릿속에서 연산 문제를 풀었다. "열정적이고 모든 것을 빨아들이는 사랑의 단계에 있을 때 그들에게는 고통의 경험에 영향을 미치는 상당한 기분 변화가 일어납니다"라고 마케는 말한다.

fMRI 결과, 언어 기반 신경 분산과 연인의 이미지 둘 다 고통 완화효과를 보였지만 이때 이용되는 뇌의 부위는 매우 달랐다. "신경 분산 테스트의 경우 고통 완화로 이어지는 곳은 대체로 인지 담당 경로였습니다." 스탠퍼드대학 마취학 조교수이자 역시 그 연구의 공동 집필자 자레드 영거(Jarred Younger)는 그 영역이 주로 피질 부위에 있었다고 말한다. "사랑에서 유도된 무통증(analgesia)은 보상중추와 관련이 깊은데 척추 선에서 고통을 막을 수 있는 깊숙한 구조를 활성화합니다. 아편성 진통제의 작용과 유사한 방식입니다."

그러니 '열'을 올리면 진통제가 필요 없어질지도 모른다. 그런데 뇌의 보상 중추가 이런 학생들을 사랑으로 인해 유발된 보상 신경전달물질들로 중독시 킨다면, 어쩌면 이제는 사랑중독이라는 위험과 맞닥뜨릴지도 모른다.

4-5 사랑에 빠진 여성이 맛보는 좋은 섹스

멜린다 웨너

경험해본 여성은 오르가슴(orgasm)이 뭔지 확실히 알지만 과학은 여성 오르가슴에 관해 놀랍도록 무지하다. 대다수 연구는 동물을 대상으로 감각정보가 어떻게 성기로 흘러 들어가고 어떻게 성기에서 흘러나오는가에 초점을 맞추어 탐구해왔다. 그런데 이제 신체보다는 뇌가 여성 오르가슴에 깊이 관여한다는 것을 짐작케 하는 새로운 연구가 등장했다. 단순히 신경망이 오르가슴에 중요한 역할을 한다는 이야기가 아니다. 한 여성의 성적 파트너에 관한 느낌 역시 오르가슴의 질과 관련이 있다.

스위스 제네바대학과 캘리포니아대학 샌타바버라 캠퍼스의 연구자들은 사랑에 흠뻑 빠진 이성애자 여성 29명을 모집해 파트너에게 느낀 오르가슴의 질, 용이함, 빈도, 사랑의 정도에 점수를 매기게 했다. 그 후 연구자들은 피실험자들이 아무 관련이 없는 인지적 활동에 초점을 맞추는 동안 fMRI를 이용해 뇌 활동 지도를 작성했다. 피실험자들이 과제를 하는 동안, 그들 앞에 놓인 스크린에는 연인의 이름이 의식적으로 알아차리기에는 너무 빠르지만 뇌의 무의식적 반응을 자극하기에는 충분히 느린 정도로 깜빡였다. 파트너 인지 및 그와 관련된 감정에 어떤 신경망이 관여하는지 드러내는 기술이었다.

피실험자 스스로 평가한 '사랑에 빠진' 정도가 높을수록, 이름 깜빡임은 좌측 각회(angular gyrus)에서 활발한 활동을 촉발했다. 좌측 각회는 사건과 감정의 기억에 관여하는 뇌 영역이다. 사랑에 빠진 정도가 가장 뜨거운 피실험자들은 한층 쉽게 오르가슴을 느끼며, 훨씬 좋은 오르가슴을 느낀다고 보고했다. 오르가슴의 질과 용이성은 보상과 중독에 관여하는 영역인 왼쪽 뇌도(insula)에서의 활동 증가와 관련된 듯했다. "오르가슴과 관련해 성관계 만족도가 높을수록 이 영역이 활성화되었습니다." 캘리포니아대학 샌타바버라의 심리학자이자 연구 공저자인 스테파니 오티그의 말이다. 그리고 이러한 발견은 "오르가슴을 또 다른 중독으로 생각해야 할까요?"라는 그녀의 물음처럼 무언가를 암시한다.

오티그는 자신의 연구가 사랑의 강도와 절정에 이르는 빈도 사이에서 어떠한 연결 고리도 발견하지 못했음을 지적한다. 그녀는 한 여성이 꼭 사랑에 빠져 있지 않아도 오르가슴을 느낄 수 있다고 결론 내린다. 참 다행스럽다.

4-6 입술과 입술이 만드는 사건

칩 월터

열정의 손아귀에 사로잡힌 두 사람은 키스를 통해 향·맛·질감·비밀·감정을 교환함으로써 하나가 된다. 사람들은 은밀하게, 음탕하게, 부드럽게, 수줍게, 굶주린 듯이 그리고 풍성하게 키스를 한다. 밝은 낮에도, 캄캄한 밤에도 입을 맞춘다. 의식적으로 키스를 하고, 애정 어린 키스를 하고, 할리우드식 가짜 키스를 하고, 죽음의 키스를 한다. 그리고 적어도 동화 속에서는, 공주를 깨우기 위해 가볍게 키스를 한다.

입술은 우선 음식을 위해 진화했을 테고, 그다음에는 말을 하는 데 자신을 적용했을 것이다. 그런데 키스를 하면서는 또 다른 종류의 굶주림을 충족시킨다. 신체에서 키스는 신경 메시지와 화학물질의 연쇄작용을 촉발한다. 그것은 촉감, 성적 흥분, 친밀감, 동기부여, 심지어 희열까지도 전달한다.

모든 메시지가 내적인 것은 아니다. 어차피 키스는 공동의 사건이다. 두 육체의 융합은 여러분이 자신에게 보내는 데이터 못지않게 파트너에게도 강력한 정보를 급파한다. 키스는 어떤 관계의 현재와 미래 상태에 관해 중요한 정보를 전달할 수 있다. 사실상 그 정보가 어찌나 중요한 것이었던지, 최근의 연구에 따르면 첫 키스가 잘못되면 유망한 관계가 도중에 중단되어버릴 수도 있다.

일부 과학자는 입술의 융합은 짝을 쉽게 선택하기 위해 진화했다고 주장한다. 올버니대학 진화심리학자 고든 갤럽(Gordon G. Gallup)은 BBC와의 2007년 인터뷰에서 이렇게 말하고 있다. "키스를 한다는 건 아주 복잡한 정보 교류에 관여합니다. 후각정보, 촉각정보 그리고 무의식적 메커니즘을 자극하는 진화되고 조정된 체위 타입…, 유전적으로 맞지 않는 정도에 관한 정보죠. 이런 것들이 결정을 내리게 해줍니다." 키스는 심지어 파트너가 양육에 얼마나 헌신할지를 보여준다. 그것은 장기적 관계나 우리 종의 생존에 핵심적 의제가 되기도 하다.

입으로 먹이던 습관과 키스의 진화

입을 맞출 때 무슨 일이 일어나든, 진화의 역사는 이 부드럽고도 격정적 행위에 뿌리를 내리고 있다. 1960년대에 영국인 동물학자이자 작가인 데즈먼드 모리스(Desmond Morris)는* 원시시대 어머니들이 자식을 위해 음식을 씹어주고 입술을 맞댄 채 입에서 입으로 먹이던 습관에서 키스가 진화했으리란 설을 최초로 제시했다. 침팬지들은 이런 식으로 먹이를 먹는데 인류의 조상도 그랬을 것이다. 뒤집힌 입술을 남의 입술에 밀어붙이는 건 음식이 모자랄 때 배고픈 자식을 달래는 방법으로 발전했을지도 모른다. 그리고 세월이 흐른 후에는 일반적 사랑과 애정의 표현이 되었을 것이다. 결국 인간은 이들 원형적 부모의 키스를 오늘날의 열정적 행위로 발전시켰는지도 모른다.

*저서 《털 없는 원숭이》에서 동물행동학과 생태학을 적용한 대담한 인간론을 전개해 전 세계적 화제를 불러일으킨 영국의 동물행동학자(1928~).

페로몬(pheromone)이라고 불리는 말없는 화학적 메신저는 친밀한 키스의 진화 속도를 높여왔을 가능성이 있다. 많은 동식물이 같은 종의 개체와 소통하기 위해 페로몬을 이용한다. 특히 곤충은, 경고를 발하거나 식량이 있는 곳을 가르쳐주거나 성적 매력을 전하려고 페로몬을 분비하는 것으로 알려져 있다.

인간의 페로몬 감지 여부에는 논쟁의 여지가 있다. 쥐, 돼지와는 달리 인간은 특화된 페로몬 탐지기나 코와 입 사이의 보습코기관(vomeronasal organ : VNO)이* 없는 것으로 알려져 있다. 듀케인대학의 생물학자 새러 우들리(Sarah Woodley)는 그럼에도 코로 페로몬을 감지할 가능성이 있다는 설을 제시한다. 여성 기숙사 룸메이트들의 생리 주기가 일치하거나 여성

*동물들에게 흔히 발견되는 후각기관의 일종. 모양이 보습처럼 생겨서 보습코기관이라고 하며, 페로몬 수용기관으로 알려져 있다. 1813년 루트비히 야콥슨이 발견했으므로 야콥슨기관이라고도 한다.

이 유전적으로 면역체계가 맞는 남성의 티셔츠 냄새에 이끌리는 흥미로운 현상을 화학적 소통을 통해 설명할 수 있다. 여성에게 성적 흥분을 불러일으키는 남성 땀의 화학적 성분 안드로스테놀(androstenol)은 인간 페로몬의 하나일지도 모른다. 코퓰린(copulin)이라는 여성 질 호르몬은 남성의 테스토스테론 수치 향상과 성적 흥분 증가를 불러오는 것으로 밝혀지기도 했다.

페로몬이 구애와 생식에서 실제로 역할을 한다면, 키스는 그것을 타인에게 전달하는 매우 효과적인 방식일 것이다. 그 같은 행동은 인간이 적절한 짝을 찾고 사랑을 나누고 매력에 빠져 눈이 머는 데 도움이 되기 때문에 진화했을 수도 있다.

인간은 원시 조상에게 친밀하게 키스하는 법을 물려받았을지도 모른다. 예

를 들면 (직접적 선조는 아니지만) 유전적으로 인간과 매우 비슷한 보노보들은 특히 열정적 동물이다. 에모리대학 영장류학자 드 왈(B. M. de Waal)은 한 보노보에게 키스를 받은 사육사에 대해 회상한다. 이를 우정의 키스라 여긴 사육사의 입안에 쑥 들어온 것은 그 원숭이의 혀였다!

키스를 통한 화학물질 칵테일 분비

키스의 진화 이래, 그러한 행위에는 중독성이 생겼다. 입술은 어떤 신체 영역보다도 감각 뉴런의 밀도가 높은, 몸에서 가장 얇은 피부층을 음미한다. 입을 맞출 때 혀와 입안에 있는 뉴런들은 뇌와 신체에 메시지를 쏘아 보낸다. 이로써 쾌감, 강렬한 감정, 육체적 반응이 폭발한다.

대뇌 기능에 영향을 미치는 12개 혹은 13개의 뇌신경 가운데 다섯 가지는 입을 맞출 때 작용하면서 입술, 혀, 뺨, 코와 뇌 사이를 오가며 메시지를 전달한다. 뇌는 전체 사건의 온도, 맛, 냄새, 움직임에 관한 정보를 낚아챈다. 그 정보의 일부는 체감각피질(somatosensory cortex)에 도달한다. 체감각피질은 뇌 표면에 있는 조직으로 신체 지도에서 촉각정보를 담당한다. 지도에서는 입술이 큰 비중을 차지하는데, 각각 담당한 신체 영역의 크기는 신경말단의 밀도에 비례하기 때문이다.

키스를 하면 스트레스, 동기부여, 사회적 연대, 성적 자극 등을 지배하는 화학물질 칵테일이 분비된다. 라파예트대학 심리학자 웬디 힐(Wendy L. Hill)과 제자 캐리 윌슨(Carey A. Wilson)은 15군데 대학 남녀 커플을 대상으로 키스

전후, 그리고 상대방과 손을 잡고 대화한 전후에 분비된 두 가지 핵심 호르몬의 수치를 비교했다.

옥시토신(oxytocin)이라는 호르몬은 사회적 연대에 관여하고, 코르티솔(cortisol)이라는 호르몬은 스트레스에 한몫한다. 힐과 윌슨은 키스가 사회적 인식, 남녀의 오르가슴, 출산에 영향을 미치는 옥시토신 수치를 끌어올릴 거라고 예측했다. 특히 연구에 참가한 여성 가운데 높은 관계 친밀도를 보고한 여성에게 효과가 두드러지게 나타나리라 전망했다. 코르티솔 저하도 예측했는데 짐작건대 키스는 스트레스 완화제이기 때문이다.

연구자들은 남성의 옥시토신 수치만 올라가고 여성은 키스 후에도, 손을 잡고 이야기한 후에도 옥시토신 수치가 감소한 결과를 보고 매우 놀랐다. 그리하여 여성에게는 신체 접촉 동안 감정적 연대감을 느끼거나 성적으로 흥분하려면 키스 이상의 것이 필요하다고 결론 내리게 되었다. 예를 들면 연구자들은 여성에게는 실험실 환경보다는 로맨틱한 분위기가 필요했을 거라고 추측했다. 힐과 윌슨이 2007년 11월 신경과학협회(Society for Neuroscience, SFI) 연례회의에서 발표한 연구에 따르면 키스할 때 코르티솔 수치는 남녀 모두 친밀감에 관계없이 하락한다고 했는데 이는 키스가 실제로 스트레스를 떨어뜨린다는 증거였다.

키스와 사랑의 연관성을 볼 때, 키스는 사랑과 유사하게 쾌락, 희열, 관계의 욕구와 관련된 뇌 화학물질을 끌어올리는 듯하다. 2005년 럿거스대학 인류학자 헬렌 피셔와 동료들은 깊이 사랑에 빠진 17명에게 사랑하는 사람의 사진을 보여주면서 그들의 뇌를 스캔한 결과를 발표했다. 연구자들은 쾌락, 동기부여, 보상을 지배하는 뇌 영역 두 곳에서 흔치 않은 폭발적 활동성을 발견했다. 그곳은 좌측 복측 피개(right ventral tegmental) 영역과 우측 미상핵(caudate nucleus)이었다. 코카인 등의 중독적 약물은 이와 유사하게 신경전달물질 도파민의 분비를 통해 이런 보상중추를 자극한다. 아무래도 사랑은 인간에게 일종의 마약처럼 작용하는 듯하다.

키스는 여러 가지 원시적 효과도 발휘하게 한다. 본능적 전진 명령은 맥박과 혈압을 끌어올린다. 동공이 확대되고, 호흡이 깊어지고, 욕망이 신중함과 자의식 모두를 억누르면서 합리적 사고는 한 발 물러난다. 그따위 것들에 신경 쓰기에는 참가자들은 정신이 나가 있을 것이다. 시인 커밍스(E. E. Cummings)가 한때 말했듯이. "나는 키스를 택하겠다, 지혜보다는(Kisses are a better fate than wisdom)."

키스는 때로 '죽음의 입맞춤'이 된다

키스가 현명하지 않을 순 있어도 관계에는 핵심적이다. 2005년 영화 〈히치(Hitch)〉에서 알렉스 '히치' 히친스는 고객과 친구에게 이렇게 말한다. "한 번의 춤, 한 번의 바라봄, 한 번의 키스, 그게 우리에게 주어진 모든 기회야……. 오로지 단 한 방, '오래오래 행복하게 살았습니다'와 '아? 예전에 어딘가 함께 간 적이 있는 남자야'를 가르는 단 한 번의 기회."

키스가 그처럼 강력할 수 있을까? 가능하다. 갤럽과 그의 동료들이 실시한 설문조사에 따르면 58명의 남성 중 59퍼센트, 122명의 여성 중 66퍼센트가 누군가에게 이끌렸지만 첫 키스 후에 관심이 증발해버린 적이 있다고 털어놓았다. '형편없는' 키스에 특별한 결함이 있지는 않았다. 그냥 아닌 것 같은 느낌이 다였다. 그 자리에서 로맨틱한 관계를 끝내버렸으니, 키스는 그 커플에게는 죽음의 입맞춤이었던 셈이다.

갤럽의 이론에 따르면 한 번의 키스에 그토록 무게가 실리는 이유는, 그것이 배우자 후보와의 유전적 어울림에 관한 무의식적 정보를 전달하기 때문이다. 그의 가설은, 잠재적 파트너의 점수 매기기에 도움이 되기 때문에 키스가 구애 전략으로 진화했다는 생각과 일치한다.

다윈적 관점에서 볼 때 성선택은 유전자를 물려주는 데 핵심이 된다. 인간의 짝 선택은 사랑에 빠지는 일과 관련이 있다. 피셔는 2005년의 논문에서 인간이 보이는 이 "매력적 메커니즘은 개인이 특정한 타인에게 짝짓기 에너지의 초점을 맞추어 에너지를 보존하고 짝을 선택하도록 진화해왔다. 그것은 생식의 원시적 양상이다"라고 썼다.

갤럽의 새로운 발견에 따르면 키스는 관계 발전에 핵심 역할을 담당한다. 단, 남녀의 차이점이 있다. 2007년 9월 발표된 연구에서 갤럽과 그의 동료들은 남녀 대학생 1,041명에게 키스에 관한 설문조사를 했다. 대부분의 남성에게는 딥키스가 대개 성적으로 다음 단계에 나아가기 위한 방법이었다. 하지만 대부분의 여성은 그 관계를 감정적으로 다음 단계에 가져가려고 한다. 여성은 그가 1등급 DNA를 제공할지, 나아가 장기적으로 좋은 파트너가 될지 평가하려고 한다.

"여성은… 지속적 관계를 맺을 경우 헌신의 정도에 대한 정보를 얻고자 (키스를) 이용합니다." 갤럽이 BBC와의 인터뷰에서 한 말이다. 따라서 입술을 맞물리는 것은 감정적 바로미터가 된다. 더욱 열정적일수록 더욱 건강한 관계로 볼 수 있다.

여성은 생물학적 생식 기간이 짧은 데다 출산에 많은 에너지를 투자해야 하므로 파트너 선택에 까다로울 필요가 있다. 실수의 결과는 감당하기에 너무 무거운 짐이 된다. 그러니 열정적 키스는 적어도 여성이 정자 제공에 그치지 않고 아이의 보호와 양육에 충분히 헌신할 짝을 고르도록 도와줄지 모른다.

말이 나왔으니 말인데 키스는 진화론적 관점에서 볼 때 엄격하게 필요한 행위가 아닐 수도 있다. 대다수 동물은 껴안거나 애무하지 않고도 얼마든지 자손을 생산한다. 심지어 모든 인간이 키스를 하는 것도 아니다. 덴마크 과학자 크리스토퍼 니롭(Kristoffer Nyrop)은 20세기 초, 함께 목욕은 하면서도 키스는 외설적으로 여기는 핀란드 부족에 관해 설명했다. 1897년 프랑스 인류학자 폴 당주아(Paul d'Enjoy)는, 중국인들은 마우스 투 마우스(mouth-to-mouth) 키스를 많은 사람이 식인에 대해 생각하듯 끔찍하게 여긴다고 보고했다. 몽골에는 아들에게 키스하는 대신 머리 냄새를 맡는 아버지들이 있다.

현재 독일 안덱스 막스플랑크협회(Max-Planck-Society) 소속 인간행동학 필름 아카이브(Film Archive of Human Ethology)의 수장이자 인간행동학 연구의 선구자인 이레네우스 아이블아이베스펠트(Irenäus Eible-Eibesfeldt)는 저서 《사랑과 증오 : 행동 패턴의 자연사(Love and Hate : The Natural History of Behavior Patterns)》(1970)에서 사실 인류의 최대 10퍼센트는 입술을 건드리지 않는다고 적고 있다. 피셔는 1992년 비슷한 수치를 발표했다. 그들은 인간 종에 속한 6억 5,000만가량의 개체가 키스 기술을 터득하지 못했음을 발견했다. 중국과 인도를 제외하면 지구상 그 어떤 나라의 인구보다 많은 수다.

사랑의 비밀을 벗기려는 여정

키스 문화권에서는 키스가 숨은 메시지를 전달하기도 한다. 독일 보훔 루르대학 심리학자 오뉘르 귄튀르퀸(Onur Güntürkün)은 최근 공공장소에서 키스하는 미국, 독일, 터키의 124쌍을 조사해 입술이 닿기 전 왼쪽보다 오른쪽으로 고개를 기울이는 경우가 두 배 더 많다는 사실을 발견했다. 보통 오른손잡이가 많기 때문일까? 오른손잡이라는 조건은 오른쪽으로 입을 맞추는 행위보다 네 배나 더 흔하기에 이러한 경향성의 이유를 설명할 수 없다. 그 대신 귄튀르퀸은 오른쪽으로 기울이는 키스가 임신기와 유아기의 일반적 선호가 발달한 결과로 추정한다. 이 '행동 비대칭성'은 언어와 공간지각 등 뇌 기능의 편향성과 관련이 있다.

양육 또한 오른쪽으로 기우는 경향에 영향을 미칠지도 모른다. 연구자들에 따르면 오른손잡이든 왼손잡이든 최대 80퍼센트의 엄마가 유아를 왼쪽으로 안는다. 얼굴이 위로 가게 왼쪽으로 안기는 아기는 젖을 먹거나 엄마에게 입을 비비려면 반드시 고개를 오른쪽으로 틀어야 한다. 그 결과 대다수가 오른쪽으로 고개 돌리기를 온기나 안정감과 연관시키게 되었을 것이다.

일부 과학자는 키스할 때 머리를 왼쪽으로 기울이는 사람이 오른쪽으로 기울이는 사람보다 온기와 사랑을 적게 표현한다는 가설을 제시했다. 오른쪽으로 기울여 왼쪽 뺨을 드러내면 뇌의 감정적 절반인 왼쪽에 의해 통제받게 된다고 보는 이론도 있다.

북아일랜드 벨파스트의 스트랜밀리스 유니버시티 칼리지 소속 자연학자 줄리언 그린우드(Julian Greenwood)와 동료들은 이러한 개념을 반박하는 연구를 내놓았다. 연구자들은 대학생 240명을 관찰해 그들이 인형의 뺨이나 입에 키스할 때 고개를 오른쪽으로 기울인다는 사실을 발견했다. 인형에 입을 맞추는 것은 애정과 무관한 행위였는데도 벨파스트에서 관찰한 125쌍의 키스 못지않게 오른쪽으로 기울이는 경향이 지배적이었다. 그들 중 총 80퍼센트가 오른쪽으로 고개를 기울였다. 결론적으로 오른쪽 키스는 귄튀르퀸의 가설처럼 감정에 관련된 문제라기보다는 운동 선호의 결과일 것이다.

이 모든 관찰이 무의미하게도 키스는 계속해서 철저한 과학적 해부를 거부한다. 커플에 대한 밀착검사는 이 가장 단순하고 자연스러운 행위의 얽히고설킨 새로운 복잡성에 한줄기 빛을 비추었다. 열정과 사랑의 비밀을 벗기려는 여정이 빠른 시일 내에 끝날 것 같지는 않다. 하지만 로맨스는 이를 악물고 조금씩 비밀을 내어준다. 어떤 면에서는 그편이 더 좋을 것 같기도 하다.

감각 모형

피부에서 오는 촉각정보는 뇌의 1차 체감각피질에 도달한다. 이 그림에서 입술이 비례에 맞지 않게 커 보이는 이유는 감각 수용기관이 밀도 높게 들어차 있고, 따라서 감각에 몹시 민감하기 때문이다. 감각 모형(SENSORY HOMUNCULUS)은 이러한 신체 왜곡 인식을 다이어그램으로 표현한 것이다.

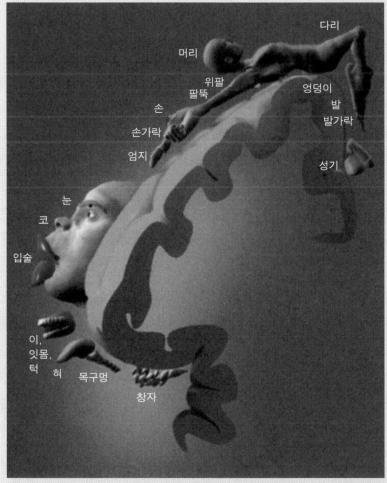

© Gehirn & Geist/Siganim, Source : Penfield and Rasmussen(1950)

4-7 "내게 전류를 흘려주세요"

게리 스틱스

신경과학의 근본 목표 하나는 언제나 굶주림, 갈증, 섹스 등의 기본적 욕구 아래 있는 뇌 시스템을 추론하는 것이었다. 저명한 생리학자 제임스 올즈(James Olds)는 1956년《사이언티픽 아메리칸》에 '뇌의 쾌락중추'라는 글을 실었다. 꼬박 하루를 굶은 생쥐가 맛있는 음식에 이끌려 플랫폼을 내려가는 과정을 설명한 기사였다. 생쥐는 만찬장에 가던 중 쾌락을 주는 전기 충격을 받는다. 결국 생쥐는 먹이 대신 흥분을 택했다. 그 무렵의 낙관적 시대 분위기에 힘입어 올즈는, 자극실험이 신경 기능에 대한 이해로 이어지고 "허기 시스템, 성욕 시스템 등의 역치(閾値)를 높이거나 낮출 약물"을 발견하게 되리라 결론 내렸다.

그로부터 50년이 지난 후에도 올즈가 약속한 비전은 완전히 실현되지 않았다. 식욕을 억제하고 성적 욕망에 불을 지피려면 더 나은 약물이 필요하다. 그럼에도 올즈가 말한 중추신경계를 직접 자극하는 방법에 대한 관심은 최근 몇 년간 커져왔다.

지금까지는 아무도 1973년 우디 앨런(Woody Allen)이 코미디 〈슬리퍼(Sleeper)〉에서 처음 선보인 오르가슴 유발 기구 오르가즈매트론(Orgasmatron)과 비슷한 것을 만들지 못했다. 오르가즈매트론이라는 이름을 상표등록한 대담한 임상의는 척추에 전류를 흘려 성 기능 저하를 치료할 수 있는지 테스트하고자 FDA가 검사하는 작은 파일럿 실험을 했다. 고통 완화를 위한 척

144

추 전극 심기의 전문가인 노스캐롤라이나의 내과의사 스튜어트 멜로이(Stuart Meloy)가 아래쪽 척추의 약간 빗나간 부분에 전극을 놓자 한 여성은 비명을 지르며 "남편한테 그 방법을 꼭 좀 가르쳐주세요"라고 말하기도 했다.

2006년 멜로이는 이제 더는 오르가슴을 겪지 못하거나 한 번도 겪어보지 못한 여성 11명 가운데 10명이 일시적 전극 이식으로 성적 흥분을 경험했으며, 그중 네 명은 오르가슴을 느끼는 능력이 회복되었다고 보고했다. 멜로이는 영구적 이식 비용을 1만 2,000달러로 낮춰줄 의료 기구 제조사를 구하는데 그 비용은 대략 가슴 확대술과 비슷하다.

신경 전극은 척수를 타고 올라가 끝내는 신체의 주요 성감대로 불리는 바로 그곳, 뇌에 도달할 것이다. 이제는 두개골 한참 아래 전략적 지점에 전극을 놓는 식으로 뇌 심부(深部)를 자극함으로써 다양한 질병을 치유할 수 있게 되었다. 파킨슨병이나 근육긴장이상(dystonia : 불수의적 근육 수축으로 야기되는 신체 부위의 통제할 수 없는 뒤틀림)도 그런 질병 가운데 하나다. 다만 전극 치료로 인해 갑작스러운 성적 자극이라는 부작용이 가끔 일어나기도 한다.

옥스퍼드대학 신경외과 의사 티푸 아지즈(Tipu Aziz)는 뇌의 쾌락중추에 대해 더 잘 알게 되는 동시에 외과적 절차의 개선 및 전기 펄스의 통제가 가능해지면 뇌에 섹스 칩을 이식하는 것이 현실이 될지도 모른다고 추측한다. 아지즈는 "성적 쾌락의 결여는 인생에서 막대한 손실입니다. 복구할 수만 있다면 삶의 질을 엄청나게 향상시킬 겁니다"라고 말한다.

아지즈처럼 단언하지 않는 신경과학자도 있다. 옥스퍼대학의 연구자로《쾌락중추(The Pleasure Center)》(2008)를 저술했으며, 더러 아지즈와 공동 연구도 하는 모르텐 크린젤바흐(Morten L. Kringelbach)는 향락적 경험이 '원함'을 나타내는 충동과 '좋아함'을 나타내는 충동으로 되어 있을지도 모른다고 말한다. 치료법으로 성공하려면, 섹스 칩은 두 가지 충동 모두를 활성화하는 신경 회로를 자극해야 한다.

2008년 미시건대학 앤아버 캠퍼스의 심리학자 켄트 베리지(Kent Berridge)와 공동으로《정신약리학(Psychopharmacology)》지에 발표한 논문에서, 크린젤바흐는 1960년대의 악명 높은 사례를 통해 그 둘의 구분을 설명했다. 정신과 의사 로버트 히스(Robert Heath)가 코드명 B-19라는 게이 남성의 뇌에 '쾌락 전극'을 심어 동성애 성향을 '치유하려' 한 것이다.

환자는 성욕을 유도하는 전극을 켜려고 강박적으로 버튼을 눌렀지만 실제로 그 감각을 즐겼는지는 명확하지 않다. 그러한 자극만으로는 오르가슴을 유도하지 못했고, B-19는 버튼을 누르는 동안 결코 어떤 실제적 만족도 표현하지 않았다. 크린젤바흐는 요사이 이루어지는 '깊은 뇌 자극'과 관련된 이와 비슷한 오용을 경고한다. "이 기술을 너무 멀리까지 밀어붙이지 않도록 주의해야 합니다. 또 다른 정신외과의 시대를 불러와서는 안 됩니다." 정신적 장애 치유 방법으로 뇌 수술이 인기를 끌던 20세기 중반의 상황을 우려한 말이다.

결국, 섹스 칩이 영화제작자를 위한 소재 제공에 도움이 될진 몰라도 전류 흘려보내기가 결코 성생활에 다시금 활기를 더해주는 실용적 방법은 되지 못할 듯하다.

더글러스 필즈

우리는 시체를 빙 둘러싼 채 해부 전략을 짜면서 서 있었다. 메스는 아무래도 이 시체에 적절한 도구가 되지 않는다는 걸 깨닫고, 우리는 결단을 내린다. 요란스러운 소리를 내며 진동하는 띠톱 날을 매끄러운 검은 거두고래(pilot whale)에 찔러 넣는 데는 세 사람이 달라붙어야 했다.

미 해군은 인간이 가기에는 너무 위험한 곳에 해양 포유류를 보내어 작전을 수행한다. 고래는 이러한 미 해군의 심해 작전을 지휘하는 유명한 병역을 마친 후 자연사했다. 그리고 죽음을 통해 또 한 가지 봉사를 했다. 바로 그 위대한 뇌에 관한 정보 제공이다. 해군은 1980년대에 샌디에이고 본부에 스크립스해양연구소(Scripps Institution of Oceanography) 연구자들을 초청했는데 필자도 그 일원이었다. 검정 고무로 된 윗도리에 장화, 마치 어부 같은 차림새를 한 켄터키대학 해부학자 레오 뎀스키(Leo S. Demski), 해군해양시스템연구소(Naval Oceans Systems Center) 수의사 샘 리지웨이(Sam H. Ridgway)와 함께 필자는 과학적 수수께끼를 풀고자 그곳에 있었다. 우리는 고래가 어떤 특정한 뇌신경을 가지고 있는지 반드시 알아내야 했다. 이유는 조금 뒤에 밝힐 것이다.

우리가 그간 보아온 인간 뇌에 대한 그림은 모두 틀렸다. 무언가 빠져 있는데 그건 결코 사소하지 않다. 그 너저분하고 작은 비밀은 아주 자그마하고 비교적 연구되지 않은, 뇌 밑동에서 뻗어 나온 신경에 있다. 신경의 기능은 근래에 점점 명확해지고 있는데 바로 잠재적인 성적 매력이다. 이성이 서로 짝을 찾기 위해 교환하는 페로몬이라는 조용한 화학적 메시지가 이 불명확한 신경을 통해 뇌에 잠재의식적 신호를 중계한다고 믿는 과학자들이 많다. 이에 회의적인 과학자들도 있다. 어떻게 거의 연구되지 않은 신경이 인간 행동에 그토록 중요한 함의를 띤 활동에 관여할 수 있는가? 특히 해부학자들은 몇 세기 동안 인체의 모든 사소한 세부 사항들을 그토록 자세히 들여다보지 않았던가?

짝 선택에 의식적 깨달음 이상의 무엇이 존재할 수도 있을까? 우리 같은 연구자들은 그것이 무엇인지 알아내려고 연구를 해왔다.

이 수수께끼의 뇌신경을 찾는 모험은 나를 거두고래로 이끌었다. 그 돌고래는 우리의 동료 포유류를 이해하기 위한 모델이었다. 이유는 나중에 설명하겠지만 이 신경이 돌고래에 존재하는지 알아내는 건 특히 중요한 일이었다.

대다수 신경은 척수를 통해 뇌에 들어가지만 그중 일부는 뇌로 직접 들어간다. 바로 뇌신경이다. 비록 정확한 기능은 드러나지 않았으나 뇌신경 일부의 존재는 그리스 철학자이자 내과의 갈레노스(Galenos, AD 129~210)의 시대부터 알려졌다. 오늘날에는 그 신경들이 후각·시각·청각·미각·촉각의 핵심감각을 제공한다는 사실을 알게 되었다. 또한 그들은 눈·턱·혀·얼굴의 움직임에 관여한다. 뇌신경은 뇌의 밑부분에서 쌍으로 나오는데 다리가 여러 개 달린 지네 비슷한 모양이다. 각 신경 쌍을 (앞이마에 가장 가까운) 뇌 앞부분부터

(척수에 가까운) 뒷부분 순서대로 세는 건 의대생이라면 모두 아는 사실이다.

1번 뇌신경은 후각신경이다. 세상의 모든 냄새는 이 신경을 통해 뇌에 들어온다. 다음으로, 후각신경 바로 뒤에는 2번 뇌신경인 시신경이 있다. 시신경은 눈을 뇌와 연결한다. 그 쌍들은 12번 뇌신경까지 이어지는데 혀에서 뻗어나와 척수 근처에서 뇌로 들어간다. 사람들은 각 쌍을 주의 깊게 식별하고, 번호를 붙이고, 상세히 연구했다. 그 후 1800년대 후반에 신경해부학자들이 말끔하게 정리해온 뇌신경 분해도에 일격이 가해졌다. 바로 상어 때문이다.

1878년 독일 과학자 구스타프 프리치(Gustav Fritsch)는 상어의 뇌에 들어가는 모든 알려진 신경 바로 앞에 있는 가느다란 뇌신경 하나를 발견했다. 이전에 그것을 알아차린 사람은 아무도 없었다. 오늘날에도 수없이 많은 해부학 수업에서 학생들이 곱상어(dogfish shark)를 해부하지만 그 신경을 발견하는 학생은 거의 없다. 아직 교과서에 실리지 않았기 때문이다.

그러한 발견으로 인해 해부학자들은 곤경에 처했다. 새로운 신경은 후각신경 앞에 있으므로 1번 뇌신경으로 불러야 한다. 하지만 이 시점에서 모든 뇌신경 이름을 하나씩 밀어 쓰기란 불가능했다. 그들의 정체성이 이미 의학의 어휘에 깊이 자리 잡은 뒤였다. 해법은 새로 발견한 '0번 신경'에 '말단신경(terminal nerve)'이라는 이름을 붙이는 것이었다. 그리고 나서 대다수가 그 신경을 완전히 잊어버렸다. 그것은 뇌신경이 12쌍이라고 쓰인 교과 내용에 도저히 들어맞지 않았다. 그리고 어차피, 다섯 가지 모든 감각은 이미 다른 뇌신경으로 설명을 마친 터였다. 이 작은 신경이 중요해봤자 얼마나 중요하겠는가?

만약 0번 신경이 오로지 상어에만 존재했다면 이 불편한 발견을 무시하고 넘기기가 훨씬 쉬웠을 것이다. 그러나 그로부터 1세기 동안 해부학자들은 그 성긴 신경이 거의 모든 척추동물(등뼈를 가진 동물)의 후각신경 바로 앞부분 뇌에서 뻗어 나온다는 사실을 발견했다. 원통하게도, 1913년 인간에게서도 그 신경을 발견하고 말았다. 대체로 그것이 해부 때 뇌를 둘러싼 질긴 막이 벗겨지면서 같이 뜯겨나간다지만 어디를 보아야 할지 알고 특별히 주의했다면 그 자그마한 신경은 항상 그 자리에 있었다. 그렇다면 그것의 목적은 무엇일까?

그 신경이 뇌에 연결된 방식에서 한 가지 실마리를 찾을 수 있다. 후각신경과 마찬가지로 0번 신경은 말단을 코로 보낸다. 그리하여 일부 연구자들은 이 신경이 별도의 신경이 아니라 그저 후각신경이 닳아서 끊어진 가닥일 거라고 주장했다. 나와 동료들은 거두고래의 죽음이 자연의 한 표본을 직접 들여다봄으로써 그 생각을 검증할 완벽한 기회임을 깨달았다.

고래와 돌고래들은 머리 꼭대기에 숨구멍이 있다는 점에서 독특하다. 고래는 얼굴 앞부분의 콧구멍으로 숨을 쉬는 수생 포유류에서 진화했다. 몇백만 년에 걸친 진화 과정에서 콧구멍은 점차 머리 꼭대기로 옮겨갔다. 그 과정에서 고래와 돌고래는 후각을 포기했고, 후각신경을 잃었다. 우리는 만약 0번 신경이 후각에도 관여한다면, 후각신경에서 뻗어 나온 하나의 가지처럼 그것 역시 콧구멍을 숨구멍과 바꾸는 진화 과정에서 버려졌으리란 사실을 깨달았다. 그렇지만 만약 우리의 의혹이 들어맞아 0번 신경이 무언가 다른 일을 한다면, 아직도 고래에 존재하고 있을지 모른다.

해부의 결과를 알려드리기 전에, 0번 신경이 후각과 섹스의 연결 고리가 아닌지 의심하게 해준 단서를 살펴볼 필요가 있다.

냄새와 페로몬

냄새는 모든 감각 중 가장 오래된 감각이다. 심지어 가장 하등동물인 세균도 자기 주변의 냄새를 맡음으로써(그 안에 있는 화학물질을 탐지함으로써) 영양물질과 해로운 물질을 구분해야 한다. 인간은 대다수 포유류에 비해 후각이 약하면서도 후각상피에 347가지 유형의 감각신경을 가지고 있는데 이곳에 코의 후각세포들이 살고 있다. 각 신경은 각각 한 가지 유형의 냄새 탐지를 담당하고, 모든 다양한 아로마와 악취는 이들 347가지 유형의 수용체 세포들이 만들어내는 반응의 조합에서 나온다. 모든 색이 눈 뒤의 시각 감지 막인 망막에 있는 겨우 세 가지 유형의 감각신경(붉은색, 녹색, 파란색에 민감한 추상체들)의 신호 조합에서 나온다는 사실과 비교해보자.

동물은 소통을 위해 냄새를 비롯한 비언어적 신호에 크게 의존한다. 동물 왕국 전역에서는 광분한 풍뎅이에게도, 열이 올라 암컷을 쫓는 수고양이에게도 짝을 고르고 생식을 자극하는 데 페로몬이 중요한 역할을 한다. 또한 많은 동물이 후각에 의존해 성별, 사회적 지위, 영역, 생식 상태, 심지어 자신의 짝이나 자손 등의 특정한 개체를 구분하기도 한다.

인간의 배우자 선택과 성적 생식이 훨씬 복잡하긴 해도 사람들이 그처럼 비밀스러운 페로몬 메시지를 교환한다는 징표는 분명 존재한다. 차차 그 증거를 살펴보겠지만, 이 시점에서는 페로몬이 후각을 흥분시키는 화학물질과 두 가지 중요한 점에서 다르다는 것을 알아야 한다. 한 냄새가 그 근원에서 멀리 퍼지려면 (공중에서 먼 거리를 떠갈 수 있도록) 냄새 생성 분자는 반드시 아주 작고 불안정해야 한다. 그러나 키스 같은 긴밀한 접촉을 통해 사람의 코에서 코로 전해지는 큰 분자인 페로몬은 그렇지 않다.

둘째, 모든 페로몬에 향이 있지는 않다. 신경말단은 의식이 생겨나는 대뇌 피질을 지나쳐 성적 생식을 통제하는 뇌 영역으로 직접 신호를 전달한다. 만약 페로몬이 이 신경말단을 흥분시키려면, 그들은 보이지 않는 후각 큐피드처럼 (특정한 이성의 눈에 별 같은 반짝임을 집어넣는 식으로) 행동해야 하므로 우리는 결코 그 사실을 알아차리지 못할 것이다.

알고 보니 뇌와 0번 신경의 연결이 그 가능성을 열어준다. 그 방식을 설명하려면 후각의 회로망과 페로몬을 감지하는 많은 동물들 코에 있는 특별한 구조를 자세히 살펴보아야 한다. 그것이 바로 보습코기관이다.

후각신경은 코의 감각세포를 두개골 안에 있는 후각신경구와 연결한다. 이 신경구는 시냅스 뭉치를 담은 거대한 중계 지점이다. 347가지 종류의 냄새 수용체에서 오는 날것의 감각정보는 처음 여기서 분류된 후 냄새의 우주에서 분석되고 식별된다. 신호는 그다음 더 섬세한 식별과 의식적인 냄새 지각을 위해 후각피질로 향한다.

성적 소통을 페로몬에 의존하는 많은 동물들이 이런 화학물질을 감지하는 핵심 장소는 보습코기관으로 알려진 비강 내의 한 전문 영역이다. 이 기관은 다시 조그만 '부(副)' 후각신경구에 연결되는데, 그것은 후각에 관여하는 주된 후각신경구 옆에 있다. 거기서부터 신경은 후각피질이 아닌 성적 각성에 관여하는 뇌 영역(예: 편도체)으로 연결된다. 예를 들면 페로몬으로 설치류의 보습코기관을 자극하면 혈류에 성호르몬이 물밀듯이 밀려들 수 있다.

보습코기관을 통해 작용하는 페로몬은 동물의 발정기 빈도에 영향을 미치고 성적 행동과 배란을 자극한다. 잘못된 호르몬은 심지어 임신을 중단시킬 수도 있다. 1959년, 런던 국립의학연구재단(National Institute for Medical Research)의 힐다 브루스(Hilda M. Bruce)는 생쥐를 관찰한 결과를 보고했다. 최근에 짝짓기를 한 암컷 생쥐는 친숙하지 않은 수컷의 오줌 냄새에 노출되었는데 그 후 암컷 생쥐의 배아는 자궁 착상에 실패하고 말았다. 배아는 유산되었고, 암컷은 발정기로 돌아갔다. 반대로 짝의 오줌 냄새는 착상과 임신을 막지 않았다.

2006년 발표된 연구에서 시애틀 프레드허친슨암연구센터(Fred Hutchinson Cancer Research)의 노벨상 수상자 린다 벅(Rinda Buck)과 동료 스티븐 리벌스(Stephen Liberles)는 새로운 범주의 단백질 수용체 열다섯 가지를 밝혀냈다. 생쥐의 코에서 발견된 이 수용체들이 페로몬을 감지하는 감각세포의 표면에 존재한다는 사실은 포유류에 분리된 페로몬 경로가 있다는 생각을 뒷받침했다.

이 세포들은 냄새를 감지하는 수용체와는 다르다. 새로 발견된 미량 아민 결합 수용체(trace armine-associated receptors, 이하 TAARs) 각각은 생쥐 오줌의 특정한 질소 함유 분자에 선택적으로 반응했다. 지배와 복종이 수반된 짝짓기 행동으로 스트레스 상태인 생쥐의 오줌에서는 이런 화학물질 중 하나의 농도가 증가했다. 인간 역시 마찬가지였다. TAARs 중 둘은 수컷 생쥐의 오줌에서만 발견되는 화학물질에 흥분했지만 사춘기 이후에만 그랬다. 이 역시 섹스와의 연관성을 추측케 한다. 행동 연구 학자들은 이전에 이들 화학물질 중 하나를 우연히 밝혀내고, 그것이 암컷 생쥐의 사춘기 초기에 가속화된다는 사실을 발견했다.

우리는 이제 분자에서 성적 행동으로 이어지는 생쥐의 페로몬을 이해하게 되었다. 그렇다면 인간의 페로몬에 대해서는 어떨까? 벅은 인간이 생쥐에 존재하는 페로몬 수용체 중 적어도 여섯 개와 동일한 것을 만드는 유전자를 지녔다는 흥미로운 사실을 발견했다.

0번 신경의 역할

비록 인간에게도 작용하는 보습코기관을 찾아냈다고 일부 과학자는 주장하지만 대부분은 그것이 흔적기관이라고 믿는다. 보습코기관은 아가미구멍처럼 태아일 때만 존재하다가 이후 위축된다. 그러니 만약 페로몬이 인간 뇌에 성적 신호를 보내고 있다면, 보습코기관에 의존해 중계하지는 않을 것이다. 공백인 그 역할을 0번 신경이 대신할 수도 있다.

0번 신경의 해부학적 특징을 살펴보자. 0번 신경은 사촌뻘인 후각신경처럼 끝이 콧구멍(비강) 속에 닿아 있다. 그런데 0번 신경은 뇌 속에서 성적 행동을 관장하는 부분으로 연결이 된다. 예를 들면 사이막핵(septal nuclei)이나 시각교차압구역(preoptic areas) 등의 부분이다. 뇌에서 이 부분은 기본적 생식에 관여하는 곳으로 성호르몬 분비, 목마름, 허기 등 참기 어려운 욕구를 관장한다. 사이막핵이 손상되면 성적 행동, 음식 섭취, 분노 반응 등에 변화가 나타난다. 0번 신경은 후각신경과는 아무 상관도 없이 코와 뇌(성적 행동 관장 부위)를 연결하는 역할을 한다.

후각신경을 절단하거나 보습코기관을 제거하면 설치류의 정상적 짝짓기 행동이 교란될 것이다. 그것은 후각신경이 보습코기관에서 오는 페로몬 메시지를 전송한다는 뜻이다. 지난 몇 년간 연구자들은 0번 신경이 보습코기관에 섬유들을 보내며, 0번 신경의 섬유들은 후각신경의 섬유들과 아주 가까이 있음을 발견했다. 그 결과, 후각신경을 의도적으로 절단하는 실험에서 연구자들은 의도치 않게 0번 신경을 잘라버렸을지도 모른다.

1987년, 당시 베일러 칼리지에 있던 신경과학자 셀레스티 워시그(Celeste Wirsig)는 후각신경이 잘리지 않게 주의하면서 수컷 햄스터의 0번 신경을 절단했다(0번 신경이 잘린 햄스터가 숨겨둔 쿠키를 대조군 동물과 똑같이 빠른 속도로 발견한 것으로 보아 후각신경은 멀쩡했다). 그런데 0번 신경이 절단된 햄스터는 짝짓기를 하지는 못했다.

1980년, 신경과학자들은 비슷한 식으로 후각신경에 전기 자극을 주면 물고기를 비롯한 동물들이 성적 반응을 일으킨다는 사실을 관찰했다. 그렇지만

이 성적 행동이 실제로 자극된 0번 신경에서 나오는 걸까? 0번 신경은 거의 처음부터 끝까지 후각신경 가까이에 존재하기 때문에, 신경해부학자 글렌 노스컷(R. Glenn Northcutt)은 이런 점을 의심하게 되었다. 그들은 또 뇌로 가는 길에서 0번 신경의 일부 섬유가 예기치 않게 옆으로 새어 눈의 망막에 곁가지를 보낸다는 사실을 깨달았다. 대다수 동식물이 철에 따라 생식을 하고, 낮의 길이가 일 년 중 시간을 측정하는 가장 정확한 방식이라는 사실은 기묘해 보인다. 짝짓기와 생식에 관여하는 신경이 계절을 확인할 목적으로 망막에도 연결되어 있을 가능성을 점치는 과학자도 많다.

기능과는 무관하게 이곳은 0번 신경과 후각신경이 헤어지는 곳이므로 노스컷과 뎀스키는 후각신경은 자극하지 않으면서 이 위치에 있는 금붕어의 0번 신경섬유에 약한 전기 충격을 가했다. 그렇게 하자 수컷 금붕어는 즉각 정액 분비로 반응했다.

따라서 0번 신경이 코와 성적 생식을 통제하는 뇌 영역을 연결한다는 해부학적 증거에 덧붙여 이제는 강력한 생리학적 증거도 존재하게 되었다. 적어도 물고기에게는 0번 신경이 성적 호르몬에 반응하고 생식 행동을 규제하는 감각 시스템일지 모른다. 0번 신경의 성적 역할을 가리키는 또 다른 증거가 역시 바다 생물을 대상으로 한 필자의 연구에서 나왔다.

1985년 전자현미경으로 가오리의 0번 신경을 연구하다가 무언가 별난 것을 보게 되었다. 그 축색돌기(신경섬유) 다수는 극히 작은, 검은 구체(球體) 비슷한 것으로 가득했다. 알고 보니 그들은 산탄총 탄환처럼 알갱이로 한데 단단히 뭉친 펩티드호르몬(peptide hormone)들이었다. 일부 신경의 끝부분에서 이런 호르몬들이 분비되고, 작은 혈관들이 그 호르몬을 흡수하는 것이 보였다. 0번 신경이 실제로 신경 분비기관일 가능성이 있다는 뜻이었다. 이는 그 신경이 뇌하수체 샘과 상당히 비슷한 방식으로 호르몬을 분비함으로써 생식을 조절한다는 것을 뜻했다. 성호르몬의 분비는 그 말단신경이 성적 생식을 통제하는 뇌 영역과 코를 연결한다는 사실을 보여주는 새로운 실마리였다. 이 발견은 한 가지 결론을 뒷받침했다. 바로 페로몬이 존재한다는 사실이다.

그렇지만 회의적 과학자들은 성적 흥분을 오로지 후각신경의 역할로만 돌리면서 여전히 0번 신경은 별도의 뇌신경이 아니라 단순히 후각신경의 닳아 빠진 가닥에 불과하다고 주장한다. 그런데 뎀스키와 내가 샌디에이고 해군기지에서 거두고래가 방금 죽었다는 소식을 전해 듣고, 그것을 확인할 기회를 거머쥐게 되었다. 이 동물은 우리가 0번 신경이 진짜 독립적인지, 심지어 그 기능이 무엇인지 밝히게끔 도와주었다.

고래가 가르쳐준 0번 신경의 비밀

다시 스크립스의 실험실로 돌아오기로 하자. 뎀스키는 장갑 낀 손을 플라스틱 양동이에 넣어 거대한 시체에서 잘라낸 돌고래 뇌를 꺼냈다. 크기는 대략 축구공만 했고, 인간 뇌와 닮았으나 다만 대뇌피질이 더 두텁고 주름이 많았다. 인간 피질의 주름이 파도 같다면 이쪽은 돌돌 말린 느낌이었다.

고래 뇌를 아래쪽으로 뒤집은 후, 우리는 후각신경이 존재하지 않는 포유류의 뇌라는 기묘한 광경을 보고 충격을 받았다. (고래들이 숨구멍을 얻는 대신 후각을 잃었음을 상기하자.) 뎀스키는 한 쌍의 0번 신경을 발견하리라 기대되는 영역부터 조심스레 막을 벗겼다. 우리는 그 신경이 후각신경과 더불어 사라지지는 않았을 거라고 생각했다. 그리고 마치 선물 포장지를 벗길 때처럼 놀라워하며 그들의 모습을 발견했다. 돌고래의 숨구멍 쪽으로 희고 가느다란 신경 두 개가 존재하고 있었다.

우리의 거두고래 검시는 0번 신경이 그저 후각신경의 한 파편이 아니라 별도의 신경 독립체임을 입증했다. 그리고 그것이 가능하도록 후각과 후각신경을 희생한 고래와 돌고래들에게, 0번 신경이 하는 일은 뭔지는 몰라도 진화 과정에서 폐기하기에는 생존에 너무 중요했던 것이 틀림없다.

이처럼 흥미로운 사실이 발견되었으나 인간의 성적 행동에서 0번 신경이 어떤 역할을 하는지 아직 밝혀지지 않았다. 최근 생쥐 연구에서 보습코기관과 연관되어 있지 않지만 페로몬 자극에 반응하는 특정한 감각 신경세포의 존재가 드러났다. 그러니 기능하는 보습코기관이 없다 해도 우리의 코에는 페로몬에 반응할 능력이 있는 감각 신경세포가 들어 있을지도 모른다.

후각신경과 0번 신경이 이러한 역할을 얼마나 분담하는지는 아직 밝혀지지 않았다. 그러나 0번 신경은 코에서 들어오는 정보로 무언가 다른 일을 하는 게 분명하다. 냄새 분석을 담당하는 후각신경구와는 이어져 있지 않기 때문이다. 게다가 0번 신경은 생식을 통제하는 뇌 영역과 닿아 있고, 생식샘자극호르몬방출호르몬(GnRH)이라는 강력한 성호르몬을 혈류로 분비한다.

0번 신경은 아주 초기 배아일 때부터 발달하는데 GnRH를 분비하는 앞이마의 모든 뉴런이 뇌에서 제자리를 찾기 위해 이주하는 경로로 태아의 0번 신경을 이용한다는 사실이 연구 결과 드러났다. 이 배아 경로가 교란된 결과가 칼만증후군(Kallmann's Syndrome)이다. 이 병은 사람의 후각에 장애를 일으키고 사춘기가 지나도 성적 성숙이 일어나지 못하게 한다. 대다수 뇌신경은 감각과 (신체의 움직임과 관련된) 운동 트래픽, 둘 다를 전송한다. 0번 신경 또한 의심의 여지가 없이 생식이 아닌 기능을 맡고 있다. 뇌에서 0번 신경을 통한 전기 충격의 전달을 탐지한 바 있지만 전송되는 메시지가 무슨 일을 하는지는 아직 알지 못한다.

결국 뇌에서 0번 신경이 하는 역할을 상세히 이해하려면 더 많은 연구가 필요하다. 그렇지만 지금 우리는 적어도 자연이 양쪽 성 사이에서 생명의 순환을 유지하고자 숨겨진 소통 채널을 제공한다는 사실을 알게 되었다. 그리고 과학자들은 이 흥미로운 퍼즐을 풀려면 어디서 출발해야 하는지 알고 있다. 교과서에는 빠져 있지만 상어에서 인간까지 다양한 생물 모두가 지닌 이 비밀스러운 신경은, 그것이 하는 긴밀한 기능처럼 여전히 비밀에 싸여 있다.

신경의 수수께끼

뇌신경은 뇌의 밑바닥 부위에 쌍으로 위치한다. 각 쌍의 번호는 뇌의 앞(앞이마 가장 가까이)에서 뒤(척수 근처)로 가면서 순서대로 매긴다. 0번 신경(말단신경이라고도 하는)이 교과서에 없는 경우도 많다. 예전에는 해부학자들이 이 얇은 신경을 미처 보지 못하고 빠뜨렸기 때문이다. 0번 신경은 뇌를 감싸고 있는 질긴 막을 뜯어낼 때 자칫 잘못하면 함께 떨어져나갈 가능성이 크다.

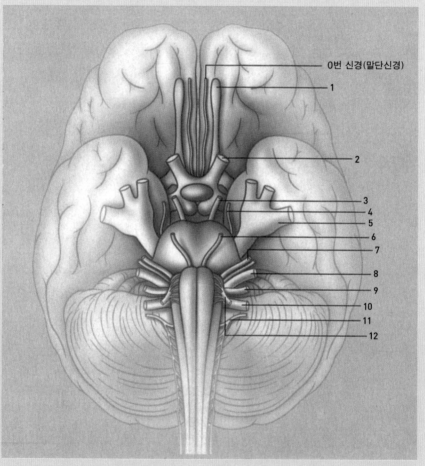

© Tami Tolpa

마틴 포트너

그녀는 그런 강력한 감정을 별로 느껴본 적이 없다. 그러다 갑자기 친척 장례식에서 만난 사촌의 품에 몸을 내던지고 싶은 욕구와 열정 앞에 무기력해졌다. "그 패치 때문인 게 분명해요." 여성의 성욕 장애 치유를 위해 만든 테스토스테론 패치의 다국적 실험에 참여한 마리안은 말했다. 난소에서 분비되는 테스토스테론 호르몬은 여성의 성 기능에 관여하는데 2005년 이 연구에 참여한 여성은 난소 제거 수술을 받은 사람들이었다.

12주의 실험 기간 후 마리안은 다시 성욕을 느끼게 되었다. 스스로 몸을 애무하자 관능이 느껴지고 생생한 성적 판타지가 떠올랐다. 마침내 그녀는 다시금 남편과 사랑에 빠졌고, 거의 3년 만에 오르가슴을 경험했다. 그런데 알고 보니 이러한 회복은 테스토스테론 덕분이 아니었다. 마리안은 플라세보(placebo) 패치를 받은 절반의 여성 중 하나였다. 사실 어떤 테스토스테론도 받지 않았던 것이다.

마리안의 경험은 성적 흥분이 얼마나 복잡한 성질을 갖는지 보여준다. 호르몬이라는 단순한 문제와 별도로, 성욕과 성기는 생식선과 생식기를 통제하는 뇌와 신경계의 다양한 자극에 지배받는다. 그리고 이러한 영향력은 다수가 환경적이다. 예를 들면 최근의 한 연구는 시각적 자극이 남성과 마찬가지로 여성에게 성적 충동을 일으키는 것을 보여준다. 마리안의 욕망은 실험에 참여해 섹스에 관해 대화하고 생각하면서 강력해졌을 것이다. 그런 자극은 한 인간의 섹스 욕구에 대한 금지를 해제하거나 섹스 욕구를 북돋아주는 데 도움이 될것이다.

뇌-영상 연구에 따르면 오르가슴을 느끼려면 고조된 흥분 이상의 무엇이 필요하다. 수컷에게는 뇌의 경계중추가 강요하는 금제와 통제의 해방이, 암컷에게는 사고와 감정 통제에 관여하는 다양한 뇌 영역의 침묵이 요구된다. 오르가슴 상태인 양쪽 성의 뇌를 스캔하면 뇌의 쾌락중추에 밝은 불이 들어오는데 특히 수컷이 그렇다. 보상 시스템은 종의 생존이라는 명확한 이점을 제공하면서 더 많은 성적 만남을 추구하도록 유인한다.

마리안처럼 성욕이 소멸되었을 때는 마음을 과녁으로 삼는 전술로 다시금 불을 붙일 수 있다.

순환적 섹스 사이클

생물학자들은 1920년대와 1930년대에 에스트로겐(estrogen)과 테스토스테론 등의 성호르몬을 발견했다. 1940년대에는 인간 섹슈얼리티 연구가 최초로 등장했다. 1948년 인디애나대학 생물학자 알프레드 킨제이(Alfred Kinsey)는 인간의 성 풍속에 관한 첫 보고서 《남성의 성적 행동(Sexual Behavior in the Human Male)》을 소개했고 1953년 후속작 《여성의 성적 행동(Sexual Behavior in the Human Female)》을 발표했다. 커다란 논쟁을 부른 이 책들은 인간 섹슈얼리티에 관한 대화의 장을 열었다. 많은 사람이 금기시한 자위, 동성애, 오르가슴 등의 주제를 끄집어냈을 뿐 아니라 사람들이 커플이 되거나 다양한 성교에 참여하는 빈도가 얼마나 놀랄 만큼 높은지 보여주기도 했다.

이처럼 킨제이는 성을 과학 분야에 소개하고 통계학을 넘어 생물학 영역에서 파고들 수 있는 터전을 닦았다. 1966년 부인과 의사 윌리엄 마스터스(William Masters)와 세인트루이스연구재단(institute in St. Louis) 창립 전 워싱턴대학에 있던 심리학자 버지니아 존슨(Virginia Johnson)은 최초로 성적 반응 사이클(신체의 성적 자극에 대한 반응)을 묘사했다. 그러한 사이클을 약 1만 회 경험한 여성 382명과 남성 312명을 관측한 결과, 사이클의 시작은 흥분이다. 남성의 경우 페니스로 혈액이 모여들고 여성의 경우 클리토리스(clitoris), 음문, 질이 확대되고 축축해진다. 그 상태에서 서서히 안정기로 이행하는데 완전히 흥분했지만 아직 오르가슴은 아니다. 오르가슴에 도달한 다음 단계는 쇠퇴기로, 조직은 흥분 전 단계로 돌아간다.

1970년대에 웨일코넬의과대학 산하 인간 성행위 프로그램 담당 정신과 의사였던 헬런 싱어 카플란(Helen Singer Kaplan)은 섹스 치료사 경험을 바탕으로 이 사이클에 핵심적 요소, 즉 욕망을 더했다. 그녀의 3단계 모형에 따르면 욕망은 성적 흥분 전 단계이고, 성적 흥분 다음 단계는 오르가슴이다. 욕망은 주로 심리적이다. 따라서 카플란은 성적 경험에서 마음의 중요성과 불안, 방어, 소통 실패가 미치는 파괴적 영향력을 강조했다.

이전의 성적 사이클은 이름과 무관하게 다소 선형적 진행 단계를 보였다. 1980년대 후반, 브리티시컬럼비아대학 부인과 의사였던 로즈마리 바순

(Rosemary Basson)은 순환적인 성적 사이클을 제시했다. 바순은 욕망은 생식기 자극으로 이어지는 동시에 그것에 의해 활기를 얻는다고 시사했다. 오르가슴이 경험의 정점이라는 생각에 맞서, 그녀는 이를 원의 한 지점에 놓는다. 사람은 오르가슴으로 이어지는 모든 단계에서 성적 만족을 느낄 수 있으며 따라서 오르가슴은 성행위의 최종 목표가 아니라는 주장이다.

남성과 여성의 오르가슴에 영향을 미치는 요인

이 사이클에서 욕망이 차지하는 중요성을 알고 있던 연구자들은 오래전부터 그 핵심 재료를 밝히고 싶어 했다. 전통적 생각에 따르면 남성의 방아쇠는 단순한 감각적 측면에서 당겨진다. 촉각적·시각적 자극은 각별히 남성의 마음을 끈다. 《플레이보이》지가 인기 있는 이유도 남성이 시각적 성애물에 이끌리기 때문이다. 반면 여성의 욕망에 불이 붙으려면 인지적·감정적으로 풍부한 감촉이 필요하다. "여성은 자신이 처한 맥락의 결과로서 욕망을 경험합니다. 따라서 자신과 파트너에게 느끼는 편안함과 안전함, 파트너와의 진정한 연대감이 중요합니다." 캘리포니아대학 로스앤젤레스 캠퍼스 소재 여성 성행동 의학센터(Female Sexual Medicine Center)의 비뇨기과 의사 제니퍼 버먼(Jeniffer Berman)의 말이다.

그런데 2007년의 연구에 따르면 남성과 마찬가지로 여성 역시 감정적 연관이 없는 성적 이미지에서 자극을 받을 수 있다. 토론토의 '중독 및 정신건강 연구소(Center for Addiction and Mental Health)'의 심리학자 메레디스 시버스

(Meredith Chivers)와 동료들은 동성애자와 이성애자를 포함 남녀 100명가량을 대상으로 영화의 에로틱한 장면을 보는 동안 발생하는 성적 흥분 정도를 측정했다. 남녀 간의 성교 장면, 보노보(침팬지의 가까운 유인원 친척)의 짝짓기 장면, 동성 성교 장면, 자위 장면, 남녀의 누드 운동 장면이 상영되었다.

누드 운동이 생식기적으로 모든 관객을 가장 덜 흥분시켰고 성교가 가장 많이 흥분시켰지만 여성에 비해 남성에게는 배우의 유형이 더 중요했음이 드러났다. 이성애자 여성의 흥분 정도는 대체로 그 행동을 '누가' 혹은 '무엇'이 하든 성적 행동의 강도에 따라 증가했다. 사실 이 여성들은 남녀 배우 양측에 똑같이 생식기 흥분을 보였고 보노보의 사정(射精)에 육체적으로 반응하기도 했다. (특이하게도 게이 여성은 남성의 자위 장면이나 나체로 운동하는 모습에 성적으로 반응하지 않았다.)

반대로 남성은 주로 자신의 선호 범주 내의 성적 파트너에게 육체적으로 흥분했다. 즉 이성애자 남성은 여성에게, 동성애자 남성은 동성에게 흥분했다. 하지만 보노보의 사정 모습에는 흥분하지 않았다. 그러한 결과는 여성이 더욱 다양한 유형의 성적 이미지에 흥분할뿐더러 남성에 비해 자신의 성적 관심사와 기호에 유연하다는 것을 보여준다.

오르가슴에 관해서는 고도의 정신적 과정 못지않게 단순한 감각도 남녀 모두에게 영향을 미칠 가능성이 있다. 킨제이는 오르가슴을 순수하게 육체적 용어로 규정했지만 럿거스대학 심리학자 배리 코미사룩(Berry R. Komisaruk)은 그 경험을 다면적인 것으로 정의했다. 코미사룩과 멕시코 틀라스칼라실험실

(Tlaxcala Laboratory)의 내분비학자 카를로스 비욜-플로레스(Carlos Beyer-Flores), 럿거스의 성과학자 비버리 휘플(Beverly Whipple)은 공저《오르가슴의 과학(The Science of Orgasm)》(2006)에서 오르가슴을 신체의 감각 수용체에서 점진적으로 반응을 합산한 후 복잡한 인지적·감정적 힘을 덧붙임으로써 생성되는 최대의 흥분으로 묘사한다. 미시간대학 앤아버 캠퍼스의 심리학자 켄트 베리지도 비슷한 말을 한다. 그는 성적 쾌락을 뇌의 감정적 허브인 변연계가 일차적 감각에 부여하는 일종의 '윤기' 같은 것으로 묘사했다.

감각적 요인과 감정적 요인 각각이 오르가슴에 영향을 미치는 정도는 성에 따라 다를 수도 있다. 양쪽 성은 진화하면서 갈라졌기 때문이다. 남성의 오르가슴은 사정을 통한 생식과 직접 엮여 있는 반면 여성의 오르가슴은 불명확한 진화적 역할을 한다. 여성의 오르가슴은 정자의 보유를 육체적으로 도와주고 배우자와의 연대를 가능케 함으로써 미묘한 사회적 기능을 할 수도 있다. 여성 오르가슴이 주로 사회적 이유로 진화했다면 남성보다는 여성에게 복잡한 생각과 느낌을 이끌어낼 가능성이 있다.

오르가슴 순간 뇌에서 벌어지는 일

연구자들은 오르가슴 동안 남녀의 뇌 활동에 어떤 변화가 일어나는지 탐지함으로써 이 수수께끼를 풀려고 노력한다. 네덜란드 흐로닝언대학 신경과학자 게르트 홀슈테게(Gert Holstege)와 동료들은 방정식의 남성 변을 풀기 위해 남성 11명의 배우자에게 남편의 페니스를 사정(射精)할 때까지 자극하도록 요청했다. 그동안 남성의 뇌를 양전자단층촬영(positron-emission tomography, 이하 PET)으로 스캔한 연구자들은 복측 피개부(ventral tegmental area, VTA)의 두드러진 활동성을 포착했다. 그것은 뇌 보상회로의 주요 허브로 헤로인(heroine)이 유도하는 반응 강도에 비할 법하다. "사정은 여성 생식계통으로 정자를 들여보내므로 종의 생식에 기여하려면 이를 가장 보상도 높은 행동으로 만드는 것이 중요합니다." 2003년 《신경과학저널(The Journal of Neuroscience)》에 실린 연구자들의 논평이다.

과학자들은 또한 기억에 관련된 형상화(imagery)와 시각 그 자체에 관여하는 뇌 영역의 활동이 고양된 것을 발견했다. 아마도 지원자들이 오르가슴을 앞당기려고 시각적 이미지를 사용했기 때문일 것이다. 소뇌 앞부분도 고양되었다. 소뇌에는 오래전부터 운동 행동의 조정자라는 이름표가 붙어 있었는데 최근에 그것이 감정 처리에서 어떤 역할을 하는지 밝혀졌다. 소뇌는 남성 오르가슴의 감정적 요소를 관장하면서 계획된 행동과 감정을 알맞게 조정하는데 한몫하는 듯하다. 뇌의 경계중추이자 더러 공포중추이기도 한 편도체는 사정시 활동 감소를 보이는데 이는 성행위 중 경계심 하락의 신호일 수도 있다.

오르가슴이 여성 뇌에서도 비슷한 모습으로 나타나는지 알아보려고 홀슈테게 연구팀은 여성 12명의 배우자에게 아내가 절정에 이를 때까지 흥분이 가장 쉽게 오르가슴으로 이어지는 부위인 클리토리스를 자극하도록 요청하고 PET로 스캔했다. 결과는 예상대로였다. 2006년 연구팀의 보고에 따르면 클리토리스 자극만으로 신체의 감각을 '성적' 신호로 받아들이는 뇌 영역이 활성화되었다.

그런데 여성이 오르가슴에 도달하자 예기치 못한 일이 일어났다. 뇌의 대부분이 침묵에 빠진 것이다. 가장 조용해진 신경세포 일부는 좌측 측면 안와 전두피질(left lateral orbitofrontal cortex) 영역에 놓여 있었는데 그곳은 섹스 같은 기본적 욕망에 대한 자기통제를 컨트롤하는 곳이다. 그곳에서의 활동 감소는 긴장과 금지에서의 해방을 뜻한다. 또한 과학자들은 배내측 전전두엽 피질(dorsomedial prefrontal cortex)의 흥분이 가라앉은 것을 발견했는데 그곳은 도덕적 추론과 사회적 판단에서 중요한 역할을 하는 부분이다. 그러므로 오르가슴 동안에는 판단과 사색의 유예가 일어나는 듯하다.

뇌 활동 저하 현상은 편도체에서도 나타나는데 이는 남성에게 나타난 것과 비슷한 경계심 하락을 암시한다. 오르가슴 동안 남성 뇌에서는 여성에 비해 대체로 비활성화가 훨씬 적게 일어났다. 홀슈테게는 말한다. "여성이 오르가슴을 느끼고 싶다면 어떤 비용을 치르더라도 공포와 불안을 피해야 합니다. 이미 알려진 사실이지만 이제는 뇌 깊은 곳에서 실제로 그것이 일어나는 모습을 볼 수 있습니다." 그는 '유럽 인간 생식 및 발달 연구협회(European Society for Human Reproduction and Development)' 2005년 회합에서 이렇게 선포했다. "오르가슴 순간 여성의 감정적 느낌은 완전히 사라집니다."

그렇지만 모든 여성이 오르가슴 동안 감정 결여를 겪는 것은 아니다. 코미사룩과 휘플을 비롯한 연구자들은 척수 손상으로 하지가 마비된 여성 5명이 오르가슴을 겪는 동안 일어나는 뇌 활동 패턴을 연구했다. 이 여성들은 (실험실 장비를 이용해) 질과 자궁경관을 기계적으로 자극하는 방법으로 '깊은' 또는 '비(非)클리토리스적' 오르가슴에 도달할 수 있었다. 홀슈테게와 달리 코미사룩 팀은 오르가슴과 동반해 뇌에서 감정을 관장하는 변연계의 일반적 활성화가 여성에게 나타났음을 발견했다.

활성화된 변연 영역 가운데는 편도체와 시상하부가 있는데 시상하부는 오르가슴 동안 수치가 네 배로 상승하며 사랑과 연대감의 호르몬 옥시토신을 생산한다. 연구자들은 또한 중격의지핵(nucleus accumben)의 고양된 활동성도 발견했다. 그것은 뇌의 보상회로 가운데 중요한 일부로 여성 오르가슴의 쾌락을 조정할 가능성이 있다. 게다가 그들은 전대상 피질(anterior cingulate cortex)과 뇌도의 흔치 않은 활동성을 보았는데 럿거스의 인류학자 헬렌 피셔는 그 두 영역이 사랑하는 관계의 최종 단계 동안 활성화됨을 발견했다. 그런 활동은 여성의 성적 쾌락을 그녀가 파트너에게 느끼는 연대감과 결합할지도 모른다.

쾌락을 주는 알약이 있다면?

오르가슴, 생식, 사랑의 관계를 풀어낸다면 언젠가는 성적 문제에 효과적인 약물과 심리치료를 발견할 것이다. 마리안의 사례가 설명하듯이 답은 호르몬 투여처럼 간단하지 않다. 여성의 성적 흥분 유발을 목적으로 하는 실험에 참가함으로써 마리안은 사회적 방아쇠를 당기게 되었다. 이에 따라 뇌의 관련 부분이 활성화되거나 혹은 비활성화된 결과 마리안은 향상될 수 있었을 것이다. 사실 많은 섹스치료의 핵심은 섹스에 관해, 또는 성적 파트너에 관해 새롭게 생각하도록 마음을 열어주는 것이다.

한편 기업들은 신경계에 작용하여 욕망을 자극하는 약물을 만들고 있다. 그런 화학물질 가운데 하나가 브레멜라노티드(bremelanotide)라는 펩티드로, 뉴저지주 크랜베리의 팔라틴테크놀로지스사(Palatin Technologies)에서 개발 중이다. 이 약물은 식욕과 성욕 등 기본적 욕구 조절에 관여하는 뇌 영역의 특정한 수용체를 차단한다. 인간실험 결과 남성의 즉각적 발기를 자극했고 여성의 성적 흥분과 욕망 상승효과를 나타냈지만 FDA는 혈압 상승 등의 부작용을 우려해 개발을 중단시켰다.

오르가슴 경험에 대한 지속적인 과학적 해부는 그 경험을 의약적·심리적으로 증진하는 결과를 낳을 것이다. 그렇지만 지금 이 순간 느끼는 강렬한 성적 쾌락의 지나친 분석은 김빠지게 만드는 면도 있다. 어쨌거나 과학이 말하는 바에 따르면 그러하다.

5

젠더, 섹슈얼리티, 그리고 선택

5-1 당신의 아이는 동성애자입니까?

제시 베링

우리는 모두 동성애자의 스테레오타입에 익숙하다. 이상한 느낌이 들 정도로 가볍고 섬세하고 여성스러운 분위기에 인형, 화장, 공주, 드레스 따위에 관심을 보이고, 남자끼리의 거친 놀이는 매우 싫어하는 남자아이. 또는 외향적이고 선머슴 같은 태도에 기계를 좋아하고, 사내아이들과 악바리처럼 드잡이를 하고, 그 모든 향기롭거나 여성스러운 액세서리에는 거부감을 보이는 여자아이.

이런 행동 패턴은 두려움과 혐오의 대상이 되며 성인기 동성애 성향의 직접적 조짐으로 여겨진다. 발달과학자들이 성인 동성애 성향을 예측하는 가장 초기의, 가장 신뢰할 만한 신호를 찾아내려고 대조 연구를 시작한 것은 비교적 최근의 일이다. 성인 동성애자의 아동기를 조심스럽게 살펴본 결과, 동성애자들에게 공통된 흥미로운 행동 지표가 드러나고 있다. 신기하게도 많은 부모들의 해묵은 동성애 혐오적 두려움은 몇 가지 면에서 진정한 예측변수가 되는 듯하다.

심리학자 마이클 베일리(J. Michael Bailey)와 케네스 주커(Kenneth J. Zucker)는 1995년, 아동기 동성애 성향의 지표를 다룬 독창적 논문을 발표했다. 그들은 성별 행동 유형을 정리했는데 남녀 아이들의 행동에서 드러나는 선천적 성적 차이를 다룬 그 기다란 목록은 이제 과학적 표준이 되다시피 했다. 수없이 많은 연구에서 과학자들은 이런 성적 차이가 대체로 학습과는 무관하다고 기록했다. 또한 이 차이는 그들이 살펴본 다양한 문화에서 공통되게 나타났다. 물론 예외 없는 법칙은 없다. 성적 차이가 유의미한 통계적 영역으로 도약하는 것은 전체 데이터를 비교할 때의 일이다.

가장 현저한 차이점은 놀이 영역에서 나타난다. 남자아이는 발달심리학자들이 이른바 '난투극'이라고 부르는 놀이를 좋아한다. 한편 여자아이는 갈빗대를 무릎으로 가격당하기보다는 인형과 노는 것을 즐긴다. 장난감에 대한 관심은 또 다른 중요한 성적 차이다. 남자아이는 장난감 기관총과 괴물 트럭에 몰려들고 여자아이는 아기 인형과 극도로 여성성을 강조한 인형에 이끌린다. 남녀 아이 둘 다 역할 놀이를 좋아하지만 두 살 때부터 성에 따라 배역이 달라진다. 여자아이는 아기를 달래는 엄마나 발레리나, 요정 공주 역할을 선호하고 남자아이는 병사나 초능력 영웅 역할을 좋아한다. 따라서 남자아이가 놀이 상대로 남자를 선호하고 여자아이가 여자끼리 놀고 싶어 하는 것은 자연스러운 일이다.

그리하여 베일리와 주커는 불명확했던 이전의 몇몇 연구와 상당히 축적된 상식을 바탕으로 동성애자는 아동기에 역전된 성적 행동 유형을 보여준다고 가정했다. 여자와 놀기 좋아하고 엄마의 화장품에 매혹되는 남자아이나 필드하키나 프로레슬링을 과도하게 좋아하는 여자아이를 예로 들 수 있다. 연구자들은 경험적으로 이 가설을 검증하는 두 가지 방식이 있다고 설명한다. 바로 전향적 연구(prospective study)와 후향적 연구(retrospective study)다. 전향적 연구 방법은 이례적 성적 행동 패턴을 보이는 아이를 청소년기와 초기 성인기까지 추적해 성인기의 성적 지향을 확인하는 것이다.

이 방법은 몇 가지 점에서 그리 실용적이지 않다. 전체 인구 중 동성애자 비중이 적다는 점을 감안하면 전향적 연구에는 아주 많은 아이가 필요하다. 이 연구는 또한 16년 정도의 오랜 시간이 걸린다. 마지막으로, 자원해서 자녀를 참여시키려는 부모가 많지 않다. 옳든 그르든 이것은 민감한 주제고 보통은 심각하고 이례적인 성적 행동을 보이는 아이들만 부모 손에 치료소로 이끌려 와서 연구자들에게 사례 연구를 제공한다.

난투극을 벌이는 여자아이

예를 들면 2008년 심리학자 켈리 드러먼드(Kelley Drummond)와 동료들은 3~12세에 부모 손에 이끌려 정신건강 상담소를 찾은 적이 있는 성인 여성 25명을 인터뷰했다. 이들은 모두 어린 시절 몇 가지 성 정체성 장애(gender identity disorder)의 지표를 지니고 있었음이 확인되었다. 그들은 놀이 상대로 남자를 강력히 선호했고, 남자옷을 입겠다고 고집했다. 몸으로 난투극을 벌이기 좋아했으며, 남성 성기가 자라게 하겠다고 말하거나 앉아서 오줌 누기를 거부했다. 비록 이 여성들 중 12퍼센트만이 성별 불쾌감(gender dysphoria : 자신의 생물학적 성이 사회적 성과 맞지 않아서 느끼는 불편한 기분)을 느끼는 성인으로 자랐지만 이들이 양성애나 동성애 성향을 보고할 확률은 젊은 여성의 일반 표본 집단에 비해 최고 23퍼센트나 높았다. 물론 모든 왈가닥이 레즈비언은 아니지만 이런 데이터는 레즈비언에게는 종종 성적 행동 유형과 엇갈리는 역사가 있다는 사실을 보여준다.

게이 남성도 상황은 동일하다. 베일리와 주커는 성인에게 과거에 관해 묻는 후향적 연구를 통해 무작위로 선정한 게이 남성 89퍼센트가 이성애자의 중간값을 넘어서는 아동기의 '교차 성 유형(cross-sex-typed)' 행동을 보고했다고 밝혔다.

비판자들은 참가자들의 기억이 사회적 기대와 스테레오타입에 들어맞도록 왜곡되었을 가능성을 주장한다. 하지만 2008년《발달심리학(Developmental Psychology)》에 발표된 지혜로운 연구는 아동기 홈비디오를 통한 증거로 이 후향적 방법의 유효성을 확인했다. 사람들은 화면에 보이는 낯선 아동의 성별 유형 행동을 보고 그들을 평가했다. 연구자들이 발견한 바에 따르면 "스스로 동성애자라고 밝힌 성인은 어렸을 때도 성 역할에 순응적이지 않았던 것으로 판단된다."

그 후 수많은 연구에서 이 젠더 패턴을 복제해 아동기 표준적 성 역할에서의 이탈과 성인기 성적 지향성의 뚜렷한 연관성을 드러냈다. 또한 아동기에 비순응적 성적 특성이 많을수록 성인기에 동성애적 혹은 양성애적 지향성이 나타날 가능성이 높아지는 '용량효과(dosage effect)'도* 확인할 수 있었다.

그렇다고 드레스를 좋아하는 모든 남자아이가 게이로 자라거나 드레스를 싫어하는 모든 여자아이가 레즈비언이 되는 것은 아니다. 그중 많은

*원래는 표적인 적혈구 세포에 존재하는 표적 항원의 양에 따라 항체 반응 강도에서 나타나는 큰 차이를 말하지만, 여기서는 전체 중 특정한 요소가 많을수록 그 요소와 관련된 결과가 증가하는 현상을 가리킨다.

아이가 이성애자가 되고 일부는 트랜스섹슈얼(transsexual)이* 될 것이다. 나의 경우 다소 중성적이었으며 전형적 성적 행동과 비전형적 성적 행동이 모자이크된 패턴을 보였다. 주커와 베일리의 발견은 내 일곱 살 생일파티에 온 13명 중 11명이 여자였던 이유를 설명해줄지도 모른다. 부모님은 그저 내가 어린 바람둥이였다는 식의 설명을 선호하지만……. 하지만 나는 지나치게 여성스럽지는 않았고 "계집애 같다"고 괴롭힘을 당하지도 않았다. 열 살 무렵의 나는 또래 남자아이와 하나 다를 것 없는 성가시고 버릇없고 성미 급한 아이였다.

*트랜스젠더라고도 한다. 생물학적으로 타고난 성과 정신적 성이 일치하지 않는 젠더 정체성 장애를 겪고 있으며 수술이나 치료를 통해 생물학적 성 대신 정신적 성을 택했거나 이를 원하는 사람을 지칭한다.

자녀의 동성애 성향을 알게 된다면?

사실 열세 살쯤 나는 남성성의 표준에 맞게 깊이 사회화되었다. 8학년 때 약 36킬로그램의 다소 앙상한 체격으로 중학교 레슬링부에 들어가는 바람에 오히려 내 동성애 성향에 더없이 민감해졌다.

비교문화적 데이터에 따르면 동성애 발현 전(prehomosexual)의 남자아이는 축구나 미식축구 같은 거친 접촉형 스포츠보다는 수영, 사이클링, 테니스 등의 스포츠를 선호한다. 아동기에 또래들에게 괴롭힘을 당할 가능성도 높다. 어찌 됐든 2학년 휴식 시간에 여자아이들과 함께 정글짐에 올라, 운동장에서 축구하는 남자아이들을 내려다보며 무언가 이상하다고 혼자 생각했던 기억이 아직도 생생하다.

연구자들은 성인기에 동성애가 발현하기까지 다수의, 그리고 극도로 복잡한 발달 경로가 있다고 결론 내린다. 유전적·생물학적 요인은 환경적 경험과 상호작용하면서 성적 지향을 결정한다. 어떤 데이터들은 동성애 발현 전 단계의 매우 초기에 나타나는 특성을 보여주기도 한다. 아동기에 성적 비(非)전형성을 보인 게이 성인은 아동기의 구체적 경험에서 자신의 성적 지향성의 원인을 찾기도 한다. 그렇다 하더라도 뚜렷한 비전형적 성적 행동을 보이는 아이는 동성애와 관련된 유전적 특성을 더 많이 지녔을 수도 있다.

이어서 가장 중요한 질문에 다다르게 된다. 왜 부모는 자녀가 혹시 게이일까봐 그토록 우려하는 걸까? 특별한 조건이 없는 한 실제로 동성애자 자녀를 선호하는 부모를 찾기는 힘들 것이다. 진화적으로 말하면 부모가 호모포비아(homophobia : 동성애 혐오)를 보이는 이유는 간단하다. 게이 아들과 레즈비언 딸은 생식을 할 가능성이 낮기 때문이다(별다른 수가 없다면).

그렇지만 부모들은 이 점을 염두에 두시라. 여러분 자녀는 그 흔한 유성 생식이 아닌 방식으로도 얼마든지 유전자의 전반적 성공에 기여할 수 있다. 케이디 랭(K. D. Lang),* 엘튼 존,** 레이첼 매도(Rachel Maddow)의*** 가까운 친척들에게 그들의 돈과 명성의 떡고물이 얼마나 많이 떨어지는지 모르지만 짐작컨대 그들의 이성애자 친척에겐 그토록 위풍당당하게 가계도를 빛내주는 동성애자 친척이 없는 경우보다는 생식의 기회가 훨씬 많지 않을까 싶다. 그

*캐나다의 동성애자 가수 겸 작곡가.
**영국의 세계적 팝스타로 세계적으로 유명한 동성애자이기도 하다.
***미국의 동성애자 방송인이자 정치 활동가.

러니 아직 동성애 발현 전인 어린 자녀가 있다면 타고난 재능을 키워주자. 그리하여 평범한 자손 열보다는 특별한 게이 하나가 여러분에게 궁극적으로 더 큰 유전적 보상을 줄 수 있다.

연구자들이 결국에는 성인기의 성적 지향을 완벽하게 예측하게 된다면 부모는 자녀의 동성애 성향을 미리 알고 싶어 할까? 동성애 성향 때문에 기죽어 지내던 시절을 직접 겪은 사람으로서 어른들이 나를 마음 편하게 해주었으면 얼마나 좋았을까 싶다. 거듭 거부당하는 감정을 느끼거나 누군가 실수로 '까발릴까봐' 걱정하지 않도록. 적어도 착하고 예쁜 여자 친구와 데이트를 하라던 10대 시절의 끝도 없이 당황스러운 권유(진도도 안 나가면서 자신과 데이트하는 이유를 묻던 착하고 예쁜 여자 친구의 질문을 포함해)는 받지 않는 편이 나았으리라.

만약 당신의 어린 자녀에게 동성애 성향이 있음을 알게 되었다면? 아장아장 걸음마를 하는 자식의 초롱초롱한 눈망울을 들여다보고 아이 뺨에서 쿠키 부스러기를 떼어주면서 그 아이가 동성애자란 이유로 길거리에 내쫓기는 몹시 힘들 것이다.

로버트 엡스타인

어느 평범한 토요일 아침, 맷 애버리와 아내 실라(가명)는 여덟 살, 다섯 살 아들과 함께 아침을 먹은 후 수건과 물놀이 도구를 챙겨 수영장으로 출발했다. "주말은 가족을 위한 시간이죠." 맷은 흐뭇하게 웃는다.

맷과 실라는 10년째 행복한 결혼 생활을 하고 있다. "아내는 내 소울메이트입니다. 세상을 다 준다 해도 제 인생과는 바꾸고 싶지 않습니다"라고 맷은 말한다.

그렇지만 맷의 삶이 허상이라고 주장하는 사람도 있을 것이다. 그가 헌신적인 남편이자 아버지라는 건 말도 안 되는 소리라고. 왜일까? 맷은 이전에 게이였기 때문이다.

'전국 게이 및 레즈비언 특별위원회(National Gay and Lesbian Task Force)'에 따르면 동성애자에겐 성적 지향을 선택할 권리가 없다. 따라서 한번 동성애자로 태어난 남녀는 언제까지나 동성애자여야 한다. 맷은 초기 성년기(17~24세) 내내 게이였기 때문에 그런 주장에 따르면 아직도 게이여야 한다. 맷은 그저 동성애자를 싫어하고 따돌리는 동성애 혐오사회의 압박 때문에 다시 벽장 안으로 도망친 것뿐이다. 동성애 활동가들이 이러한 시각을 선호하는 이유는, 설문조사 데이터에 따르면 적어도 일부는 성적 지향성이 불변인 것으로 믿을 때 동성애자를 좀 더 지지하고 공감하는 경향이 있기 때문이다.

2004년 8월, 기자회견에서 뉴저지 주지사직 사임 결정을 밝힌 제임스 맥그리비(James McGreevey)의 대중적 커밍아웃은 이런 시각을 뒷받침하는 듯하다. 아름다운 아내를 옆에 세워둔 채 맥그리비는 자신이 다른 남성에게 성희롱 혐의로 고소당한 사실을 밝혔다. 일각에서는 그의 발표를, 그가 늘 게이였으며 그의 두 번의 결혼과 두 자녀는 뭔가 유효하지 않다는 의미로 받아들였다.

이러한 시각에는 장점이 있을까? 아니면 동성애는 완벽히 선택의 문제라는 종교적 보수주의자들의 주장이 옳을까? 풍부한 과학적 증거를 통해 한 가지 답을 제시할 수 있다. 알고 보니 성적 지향성은 이분법적 흑백 문제가 아니라는 점이다. 그것은 연속성의 문제다. 유전과 환경, 양측이 그들의 종착지를 결정한다.

성서의 동성애 금지

대다수 사람이 동성애를 객관적 시선으로 보지 못한다. 성서에서 편견을 가지고 동성애를 바라보는 것도 큰 이유다. 〈레위기〉에 따르면 동성애는 금기이며 사형으로 벌한다. 미국에서는 오늘날까지도 수많은 설교에서 성서의 해묵은 명령을 앵무새처럼 되풀이하고 그것은 사회 모든 계층에서 동성애에 대한 거부감에 불을 지핀다.

몇십 년 전까지만 해도 동성애에 대한 편견은 심지어 정신건강 전문가들 사이에서도 강고했다. 1970년대에도 대다수 치료사는 여전히 동성애가 질병 비슷한 심리학적 장애라고 주장했다. 치료사들이 이용하는 필수 진단 도구인《정신질환 진단 및 통계편람(Diagnostic and Statistical Manual of Mental Disorders, DSM)》1968년판에서 동성애는 성적 관심사가 "주로 이성의 인간이 아닌 대상을 향하는" 일탈 행동의 예로 성적도착을 다룬 항목에 실렸다.

그들의 성적 지향이 병리학적인 것이 아니라고 주로 자연을 거스르는 괴물 취급을 당하는 데 진력난 동성애자들 스스로가 주장하기 시작했다. 1969년 6월 27일 결정적 순간이 찾아왔다. 한 경찰의 뉴욕시 그리니치빌리지 게이 바 습격 사건을 계기로 폭동이 일어난 것이다. 군중은 그 후 5일간 계속해서 그곳으로 모여들어 차별 반대 시위를 벌이고 동성애자의 인권을 연설했다. 오늘날 (소동의 중심지였던 술집 스톤월의 이름을 따) 스톤월 항쟁(Stonewall Riots)이라고 불리는 이 사건은 미국에서 현대적 동성애자 인권 운동에 불을 지피고 동성애가 문화적으로 폭넓게 수용되는 변화를 이끌어냈다.

그로부터 겨우 4년 후인 1973년, 미국정신의학회 분류위원회는 그 분야에서 동성애에 부여한 암울한 특성화를 재평가하기 시작했다. 주도 인물은 컬럼비아대학 정신과 의사 로버트 스피처(Robert L. Spitzer)였다. 그가 속한 분류위원회의 권고대로《정신질환 진단 및 통계편람》다음 쇄에서 '동성애'라는 용어가 사라졌다. 그렇다고 문제가 해결되진 않았다. 변화를 실행에 옮기기 위한 미국정신의학회 지도부의 투표 후 정신과 의사들이 곧이어 실시한 여론조사에서 응답자 37퍼센트가 그러한 변화에 반대한다고 밝혔고 일부는 학회가 "민권을 위해 과학적 원칙을 희생했다"고 비난했다. 달리 말해 압박에 무릎을 꿇었다는 뜻이다.

성적 지향 바꾸기는 가능한가?

맷 애버리는 10대 때 처음 성에 눈을 뜬 후 한 번도 자신의 성적 지향을 의심해본 적이 없다. 대학생이던 1980년대 초반에는 게이 바에서 일하며 섹스 상대를 몇백 명이나 만났으며 한 남성과 4년간 관계를 유지하기도 했다. 맷은 자신이 '여성적'이라고 생각했다. "몸무게 63.5킬로그램, 손톱을 길게 기르고 금발머리에 귀걸이를 하고 다녔죠. 아주 볼 만했을 겁니다." 그의 회상이다.

그런데 스물네 살 때 일주일쯤 사라졌던 파트너가 믿기 힘든 소식을 가지고 나타났다. 게이가 자신의 "본모습이 아니"라는 것이다. 맷은 심란했다. "내 모든 삶은 누구를 만나느냐가 전부였어요. 빈 곳을 채워줄 사람 누구도 상관없었죠." 성적 관계가 끝난 후 그들은 친구이자 룸메이트로 남았다. 맷의 말에 따르면 그때 "어떤 여성과 데이트를 시작"했다. 이러한 변화를 통해 또 다른 타격을 입었다. 맷은 당시에도 여전히 여러 남성을 한꺼번에 만나고 있었기 때문이다. 그는 충격과 동시에 흥미도 느꼈다. "어느 날 동성애자가 나의 본분이 아닐 수도 있다는 생각이 들어서 여성과 데이트를 해봤어요. 참 좋더라고요."

이삼 년 후, 그는 어쩌다 보니 여성만 만나고 있었다. 그는 치료도, 종교 단체의 영향도 받지 않고 스스로 변했다. 친구들은 그가 "아버지와 관련된 문제"를 해결하도록 돕고 지지해주었다. 그리고 그가 거부감 없이 남성성을 받아들이는 법을 배우도록 도와주었다. 맷은 심지어 남성에 관한 성적 판타지가 아예 사라지는 경지에 이르렀다. 그러한 점에서 그는 아마도 수많은 이성애자보다도 더욱 진정한 이성애자로 거듭났을 것이다. 맷은 전문가 도움 없이 그런 변화를 일으켰지만 이성애자가 되도록 도와줄 '교정치료사(reparative therapist)'를 찾는 사람도 있다. 이들 중엔 더러 가족이나 종교 단체에서 막대한 사회적 압박을 받는 사람들이 있다.

이전에 게이였던 플로이드 고드프리(Floyd Godfrey)는 애리조나에서 6년째 교정치료사로 일한다. 그의 사무실에는 임상의가 다섯 명 있고 일주일에 내담자 삼사십 명을 받는데 대부분 동성애 성향을 극복하려고 애쓰는 남성들이다. 고드프리는 그들이 우울, 불안, 불행 때문에 자신을 찾아온다고 말한다. "그들은 불쾌감을 느낍니다. 자신들이 남자답지 못하다고 생각하죠. 남과 어울리지 못한다고 느끼면 우울증에 걸릴 수 있습니다."

그들 중에는 학대하고 무시하는 아버지 밑에서 자란 젊은이들이 있다. "그들의 아버지는 그들이 유대감을 느낄 기회를 주지 않았어요. 더러는 통제하거나 과보호하는 엄마 밑에서 자란 사람도 있죠. 일반적으로 아버지와 아들 사이에 발달하는 아동기의 유대감이 망가진 겁니다." 고드프리는, 애정이 결핍된 양육 방식은 때로 자녀의 동성애 경향을 불러오기도 한다고 주장한다.

이러한 치료가 과연 효과적일까? 질문은 잠시 미루고 기본적 문제를 살펴보자. 왜 이 치료를 '교정'이라고 부를까? 이 용어에는 동성애가 타당하지 않다는 의미가 담겨 있지 않은가? 마치 게이가 고장 난 세탁기라도 되는 양……. 달리 말하면 이 치료는 스피처와 동료들이 30년도 전에 폐기한, 동성애를 질병으로 보는 낡은 모델로 후퇴한 게 아닐까?

사실상 그렇게 보인다. 단단하게 뿌리박은 개념은 동성애에 관해 이야기하는 방식에도 영향을 미친다. 심지어 흔히 쓰는 '성적 취향(sexual preference)'이라는 용어도 성적 지향이 오로지 선택의 문제라는 편견을 담은 듯하다. 고드프리를 비롯한 여타 사람들이 내세우는 동성애가 잘못된 양육의 결과라는 주장을 뒷받침할 타당한 과학적 증거는 전혀 없다. 일부 동성애자들은 성장기에 아버지와 관계가 좋지 못했던 것이 사실이지만 아버지에게 거부당한 결과 아들에게 동성애 성향이 나타났는지, 반대로 애초에 아들의 여성스러움 때문에 아버지가 아들을 거부했는지 모를 일이다.

전환치료(reorientation therapy)라고도 부르는 교정치료는 과연 효과가 있을까? 2002년 뉴욕의 심리학자들인 애리얼 시들로(Ariel Shidlo)와 마이클 슈뢰더(Michael Shroeder)가 발표한 소규모 연구를 비롯한 초기 연구 결과, 그런 치료는 형편없거나 드문 효과만 보여주었다.

2003년 10월《성 행동 기록(Archives of Sexual Behavior)》지에 발표된 획기적 연구에서 스피처는 스스로 동성애자라고 생각했지만 지금은 적어도 5년 이상 이성애자로 살고 있는 남녀 200명을 인터뷰했다. 참가자 대부분은 이런 저런 형태의 전환치료를 받은 적이 있었다. 스피처는 그런 치료의 실제 효과를 알고 싶었고 사람들이 지향성을 어느 정도 바꿀 수 있는지 궁금해했다. 놀랍게도 그의 피실험자 대부분은 오랫동안(10년 이상) 이성애자로서 살아왔다고 보고했을뿐더러 "성적 이끌림, 환상, 욕망"이 이성애자답게 변했다고 단언했다. 양쪽 성 모두 명확한 변화가 나타났다.

그러나 성적 지향을 바꾸고 싶어 하는 사람 모두가 그처럼 성공하지는 못한다. 이런 다이내믹함을 어떻게 이해해야 할까? 왜 변화를 원하는 사람이 많은데 일부는 성공하고 일부는 실패하는 걸까?

성적 지향의 연속성

동성애 관련 논쟁의 핵심에 있는 것은 유전자를 구성하는 단백질 가닥처럼 미시적으로 작은 것들이다. 동성애를 제대로 이해하려면 유전에 관련된 두 가지 이슈를 파악해야 한다. 첫째, 유전자는 성적 지향에 어떤 역할을 하는가? 둘째, 만약 유전자가 성적 지향 결정에 관여한다면 실제로 대다수가 믿듯이 동성애와 이성애라는 두 가지 유형의 성적 지향을 낳는가, 아니면 지향의 연속성을 낳는가?

다양한 연구에 따르면 유전자는 적어도 어느 정도는 동성애에 영향을 미친다. 비록 완전히 결론 내려준 연구는 없지만 함께 자란 쌍둥이, 따로 자란 쌍둥이와 가계도를 대상으로 한 연구는 적어도 남성은 동성애자 친척과 유전자를 많이 공유할수록 동성애자가 될 가능성이 높아진다는 사실을 보여준다. 유전적 요인이 존재한다는 뜻이다. 더욱 흥미로운 점은 연속성 문제다. 유전자는 눈동자 색 같은 별개의 특성과 관련이 있지만 키나 머리 둘레 같은 연속적 특성과도 관련이 있다. 대다수는 '이성애자'인 것과 '동성애자'인 것은 별도의 범주라고 믿지만 그렇지 않다는 강력한 증거도 있다. 그리고 이 사실은 동성애를 둘러싼 다양한 논쟁의 이해 방식에 중요한 함의를 띤다.

1940년대에 생물학자 알프레드 킨제이가 미국의 성적 행태에 관한 대규모 보고서를 발표한 후 그의 말을 빌리면 "인간은 이성애자와 동성애자, 두 범주로 나뉘지 않음"이 명확해졌다. "생물 세계의 모든 양상 하나하나는 연속성으로 이뤄집니다." 미국정신의학회와 미국소아과학회(American Academy of Pediatrics)를 비롯한 8군데 전국적 조직은 최근 "성적 지향은 연속성을 따른다"는 주장을 인정했다. 달리 말해 성적 이끌림은 단순한 흑백 문제가 아니며 '이성애자'와 '동성애자'라는 딱지는 그 복잡성을 제대로 담지 못한다.

대다수는 명백히 진화적인 이유에서 강력히 이성 파트너 선호 경향을 보인다. 그러한 관계가 인류를 이어갈 자손을 생산하게 해주기 때문이다. 그렇지만 아마도 인구의 3~7퍼센트쯤 되는 일부는 동성인 대상에게만 이끌리고 다수는 그 중간에 있다. 만약 누군가의 유전적 성향이 내가 '성적 지향 연속체(Sexual Orientation Continuum)'라 부르는 스펙트럼 이쪽 끝에 놓여 있다면 그가 동성애자가 될 수 없는 건 확실하다. 그리고 스펙트럼 저쪽 끝에 놓여 있다면 이성애자가 될 수 없는 것도 확실하다. 그렇지 않다 해도 적어도 행복한 이성애자가 될 수는 없을 것이다. 하지만 그 중간에 있는 사람에겐 환경이 크게 영향을 줄 수 있다, 특히 아직 어릴 때라면. 사회가 이성애적 삶을 강력히 선호하기에 대부분의 경우 이성애 쪽으로 방향을 잡을 것이다.

섹슈얼리티 작용 방식은 오른손잡이나 왼손잡이가 되는 방식과 기이할 정도로 비슷하다. 상식을 벗어난 것처럼 보이지만 과학적 연구 결과 유전자는 오른손잡이, 왼손잡이를 결정하는 데 비교적 적은 역할밖에 하지 않으며 유전

율(heritability : 유전자가 한 특성의 변동성에 영향을 미치는 정도를 나타내는 추정치)
이 겨우 0.32다. 그에 비하면 키의 유전율은 0.84, 머리 둘레의 유전율은 0.95
다. 그렇다면 왜 인구의 90퍼센트는 오른손잡이일까? 이번에도 문화적 '압박'
의 작용 때문이다. 사람들은 미묘하거나 그다지 미묘하지 않은 방식으로 아이
들이 오른손을 선호하도록 영향을 미친다. 어릴 때의 유연성은 나이가 들면
사라질 것이다. 그리하여 왼손을 사용하면서도 오른손을 쓰는 버릇이 굳건히
자리 잡아서 왼손잡이가 되는 게 불가능하진 않아도 어렵다고 느낀다.

노스웨스턴대학 심리학자 마이클 베일리와 런던 유니버시티 칼리지의 마
이클 킹(Michael King)을 비롯한 몇몇 연구자의 예비 연구에 따르면 동성애 유
전율은 오른손잡이/왼손잡이 유전율에 비해 높지 않다. 남성은 0.25~0.50 정
도이며 여성은 그보다 약간 낮을 것이다. 이러한 발견은 흥미로운 질문을 제
기한다. 만약 진정으로 중립 지향적 문화에서 자란다면 인간은 어떤 성적 지
향을 나타낼까? 그렇다고 우리 중 절반이 게이가 되진 않겠으나 사회적 압박
이 없다면 전체 인구 중 동성애 지향을 나타내는 사람의 비율이 지금보다는
훨씬 높을 것이다.

성적 지향의 변화는 부자연스럽다

맷으로 말하면 성적 지향을 바꾼 대부분 혹은 모든 사람과 마찬가지로 애당
초 연속성의 한쪽 끝에 있지 않았을 가능성이 높다. 그렇다고 그가 '정상' 상
태로 돌아왔다고 말하는 건 합리적이지 않다. 그는 든든한 사회적 지지에 힘

입어 자신을 위한 새 길을 택했을 뿐이다. 유전자 덕분에 그에게는 가능했던 길이 모든 동성애자에게 가능하지 않다는 것 또한 분명하다. 언젠가는 정신생물학 연구가 성적 지향과 육체적 특성의 정확한 관련성을 밝히기를 기대해본다. 유전자, 신경 구조 또는 미묘한 육체적 특성이 이에 영향을 미칠지도 모른다. 그렇지만 과학의 진보가 결코 맷의 변화가 제기한 도덕적·철학적 문제를 완전히 해결해주진 못할 것이다.

동성애자들에게 선택지가 있을까? 어릴 적부터 모두를 성적 지향성 연속체의 이성애 쪽 끝으로 밀어붙이려는 막대한 압력을 감안하면 현재의 동성애자 대다수가 아마도 처음부터 연속체의 동성애 쪽 끝에 가까웠을 거란 생각이 합리적이다. 달리 말해 그들에게는 동성애로 향하는 강력한 유전적 경향이 있었을 것이다. 일부 동성애자가 성적 지향을 변화시킬 수 있다는 명확한 증거가 있다 해도, 엄청난 다수는 그렇게 할 수 없을 것이다. 또는 적어도 그렇게 했을 때 편안함을 느끼진 못할 것이다. 그 사실이 의심스럽다면, 그리고 여러분이 오른손잡이라면 하루 이틀쯤 왼손으로 밥을 먹어보자. 부디 무사히 식사를 마치게 되기를……

5-3 후속편 : 섹슈얼리티와 선택

《사이언티픽 아메리칸 마인드》편집부

성적 지향은 선택의 문제일까? 국가 지도층 의견이 극과 극으로 엇갈리는 것을 감안할 때 대중의 의견도 똑같이 양분된다고 보면 될 것이다. 이편에는 동성애자가 되는 것은 선택이라고 주장하는 종교적 보수주의자가, 저편에는 성적 지향성은 불변의 타고난 것이라 반박하는 '전국 게이 및 레즈비언 특별위원회'와 몇몇 전문가가 존재한다. 관련 연구를 살펴본 로버트 엡스타인의 기사, '동성애자에게는 선택의 여지가 있을까?' 이후《사이언티픽 아메리칸 마인드》편집자들은 대중이 이 문제를 어떻게 생각하는지 궁금해졌다. 최근 전국적 여론조사를 의뢰한 그들은 몇 가지 놀라운 사실을 알아냈다.

편집자들은 사람들이 섹슈얼리티에 관한 설문을 불편해할까봐 우려했으나 조그비 인터내셔널(Zogby International)의 온라인 여론조사는 4,200건 이상이나 응답을 받았다. 응답자 절반은 성적 지향이 선택이 아니라 "타고난 것, 유전적인 것, 환경 요인으로 결정되는 것"이라고 믿었다. 34퍼센트는 "선택을 비롯한 여타 요인이 성적 지향을 결정한다"고 믿었다. 반대로 "성적 지향은 양심적 선택의 문제"라는 데 동의한 응답자는 11퍼센트에 불과했다. 6퍼센트는 잘 모르겠다고 대답했다. 표본오차 범위는 ±1.5퍼센트포인트였다.

엡스타인은 "결과는 굉장히 놀라웠습니다. 섹슈얼리티에 대한 일반적 믿음에는 분명 신화적 요소가 존재합니다"라고 말한다.

이 말의 요점은 섹슈얼리티가 연속체로 존재한다는 데 있다. 유전자와 환경은 결국 어느 쪽에 안착하는지 결정하는 데 영향을 미쳤다. 다수는 그 연속체의 이성애 쪽 끝을 차지했는데 그것은 유전자와 사회적 압력에 의한 '압박'의 결과였다. 이쪽 끝이나 저쪽 끝에 있는 사람의 경우(동성이나 이성의 성적 파트너 중 오직 한쪽에만 끌리는) 성적 지향의 선택 가능성은 매우 제한적이고 아예 없을 수도 있다. 그 결과 동성애자를 이성애자로 바꾸겠다는 '교정치료사'를 비롯한 전문가들은 개인 유전자의 허락이 있을 때만 효과를 보았다.

마찬가지로 여론조사 응답을 살펴보면 사람들은 성적 지향이 스펙트럼상 어딘가에 있다고 믿는 듯하다. 이성애자와 동성애자 모두 양쪽 성에 이끌릴 가능성이 있다는 뜻이다.

약 47퍼센트라는 적지 않은 응답자가 다음 진술에 동의했다. "나는 모든 사람이 양쪽 성에 성적으로 이끌릴 가능성이 있다고 믿는다." 그렇지만 53퍼센트라는 확실한 다수는 "이성애자는 가끔씩만 동성에게 성적 매력을 느낀다"고 믿었다. 그보다 더 많은 62퍼센트는 "동성애자도 이성에게 가끔씩 성적 매력을 느낀다"고 믿었다.

집단에 따른 다양한 의견

비록 섹슈얼리티가 선택이 아니라는 믿음이 일반적으로 널리 퍼져 있지만 일부 집단을 자세히 들여다보면 의견 차이를 볼 수 있다. 예를 들면 섹슈얼리티가 태생적이라는 생각은 미국인 50~64세(53퍼센트), 18~29세(51퍼센트), 싱글(58.5퍼센트), 히스패닉계(57퍼센트), 민주당 지지자(72퍼센트)에게 특히 지배적이다.

스스로 보수주의자라고 밝힌 사람은 성적 지향이 완전히 또는 어느 정도 선택이라고 믿는 경향이 높았다. 이 의견은 특히 스스로 '매우 보수적'이라고 말한 사람에게 우세했다. 이들 중 80퍼센트가량이 섹슈얼리티는 선택이라고 주장했고, 단지 15퍼센트만이 유전 같은 요인이 결정적 역할을 한다고 믿었다.

남녀는 성적 지향에 관한 생각에서 크게 엇갈렸다. 여성 60퍼센트는 그것을 "태생적·유전적이거나 환경을 비롯한 요인이 결정한다"고 생각했다. 한편 남성은 겨우 39퍼센트만이 그 진술에 동의했다.

"모든 사람은 양쪽 성에 성적으로 이끌릴 가능성이 있다"는 믿음은 30세 이하 성인(66퍼센트)에게 지배적이었다. 그 진술에 "전혀 그렇지 않다"로 대답한 집단에는 65세 이상(53퍼센트)이 많았는데 그들은 자신을 월마트 고객(58퍼센트), '미국 개조자동차경기연맹(The National Association for Stock Car Auto Racing, NASCAR)' 팬(56퍼센트), 그리고 거듭난 사람(59퍼센트)이라고 밝혔다.

성적 취향에 대한 설문조사 결과

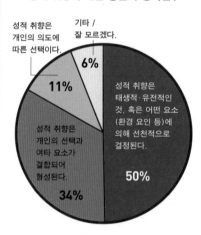

**다음 두 가지 진술 중
성적 취향에 대한 당신의 생각은?**

성적 취향은
개인의 의도에
따른 선택이다.

기타 /
잘 모르겠다.

6%

성적 취향은
태생적·유전적인
것, 혹은 어떤 요소
(환경 요인 등)에
의해 선천적으로
결정된다.

11%

성적 취향은
개인의 선택과
여타 요소가
결합되어
형성된다.

34%

50%

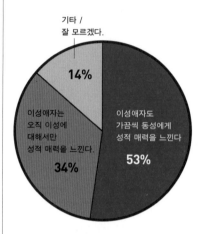

**다음 두 가지 진술 중
이성애자에 대한 당신의 생각은?**

기타 /
잘 모르겠다.

14%

이성애자는
오직 이성에
대해서만
성적 매력을 느낀다.

34%

이성애자도
가끔씩 동성에게
성적 매력을 느낀다

53%

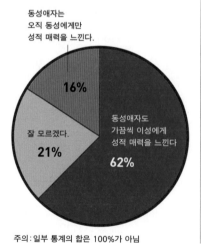

**다음 두 가지 진술 중
동성애자에 대한 당신의 생각은?**

동성애자는
오직 동성에게만
성적 매력을 느낀다.

16%

잘 모르겠다.

21%

동성애자도
가끔씩 이성에게
성적 매력을 느낀다

62%

주의 : 일부 통계의 합은 100%가 아님

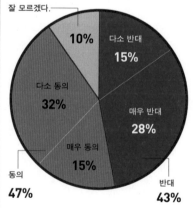

**"모든 사람은 잠재적으로
양성애적 성향을 가지고 있다"는
주장에 대한 당신의 생각은?**

잘 모르겠다.

10%

다소 반대
15%

다소 동의
32%

매우 반대
28%

매우 동의
15%

동의
47%

반대
43%

5-4 섹슈얼리티에 관한 유연한 사고방식

로버트 엡스타인

성적 지향은 눈동자 색처럼 뚜렷한 카테고리로 나뉘는 특성일까? 아니면 키처럼 연속체의 한 지점으로 나타날까? 모든 사람이 '동성애자'나 '이성애자' 중 하나에 속한다는 생각이 널리 퍼져 있지만 온라인 설문에 응한 자발적 응답자 1만 8,000여 명을 대상으로 한 새로운 연구는 이런 용어가 얼마나 오해를 부르는지 보여준다. 성적 지향은 실제로는 매끈한 연속체 위에 놓여 있고 사람들이 자신의 지향을 말하는 방식은 그들의 실제 성적 행동과 판타지를 정확히 예측하기에는 많이 부족하다. '동성애자'를 자처하면서 '이성애자'처럼 행동하는 사람이 있는가 하면 반대 경우도 있다.

필자는 2007년 11월에 열린 '섹슈얼리티 과학연구협회(Scientific Study of Sexuality)' 회의에서 동일한 점수의 연속체가 미국뿐 아니라 전 세계 몇십 개국의 평균 점수에서도 나타난다고 보고했다. 또한 '순수한' 이성애자나 동성애자 점수를 획득한 피실험자는 10퍼센트 이하임을 발견했다. 여성은 연속체에서 남성에 비해 평균적으로 동성애자 쪽에서 멀리 떨어져 있었다. 내 연구는 성적 지향의 올바른 특성화에는 두 가지 숫자가 필요하다는 것을 시사한다. 평균 성적 지향(연속체에서 피실험자가 있는 지점)과 성적 지향 범위(역시 연속체로 나타나는 피실험자의 지향 표현에 대한 유연성이나 '선택' 가능성)가 그것이다.

제시 베링

북아일랜드 벨파스트의 '남작부인' 티티 본 트램프는 여왕처럼 군림한다. 구릿빛 피부의 그녀는 명품 선글라스, 스틸레토 힐을 착용하고 은발을 휘날리며 걷는다. 7척 거구가 마치 조각상 같다. 밤이면 밤마다 지역 나이트클럽에서는 풍만한 가슴의 트램프가 핑크빛 입술을 오므리고 팬과 사진을 찍거나 남자다운 기다란 손가락으로 지역 사업가의 뺨을 은근슬쩍 쓰다듬는 광경을 목격할 수 있다.

이성의 옷을 즐겨 입는 트랜스베스타이트(transvestite)는 별나 보인다. 대부분 남성 동성애자인 이들의 과도한 여성성 흉내는 웃음을 자아낸다. 모든 인구통계학에서 그러하듯이 트랜스베스타이트는 아주 다양한 사람으로 이루어진 무리다. 소수자라는 처지를 이용해 여장 연출로 수익 사업을 할 수 있는 것은 그중 선택된 소수뿐이다. 점잖은 트랜스베스타이트는 무대에 오르고 싶어 하지 않는다. 반대 성처럼 옷을 입거나 행동하려는 심리적 동기는 몹시 다양하며, 트랜스베스타이트는 성적 경계를 넘나드는 인간 종의 다양한 표현 방식 중 하나일 뿐이다.

트랜스섹슈얼리티의* 생물학적·심리적·문화적 토대는 무수한 형태로 나타난다. 연구자들은 이를 탐구하면서 발견하는 개인적 다양성에 끊임

*자신의 성적 정체성을 이성과 동일시하고 그렇게 행동하는 상태. 그런 양상을 보이는 사람들은 트랜스섹슈얼이라고 한다.

없이 놀란다. 그리고 수많은 과학자들은 이 믿기 어려운 다양성이 '생물학적 성'과 '젠더'와 '성적 지향'을 한데 묶는 미묘한 끈을 풀어헤칠 중요한 기회를 제공한다고 믿는다. 이런 특성은 한 개인에게 기대한 것과 들어맞지 않을 때가 종종 있으므로 과학자들은 개개의 사람에게 이런 가변성이 얼마나 뚜렷한지 충분히 실감할 수 있었다.

성, 젠더와 관련된 세 가지 변수

생물학적 성은 트랜스섹슈얼리티에 대한 과학에서 핵심이 되는 가장 단순한 세 가지 변수 중 하나다. 모든 사람은 유전적 남성(XY)이나 유전적 여성(XX)을 결정하는 성염색체 한 쌍을 가지고 있다. 최근 유전적 이상 때문에 남성 같은 체력을 가지게 되었다는 소문으로 물의를 빚은 올림픽 육상선수 캐스터 세메냐(Caster Semenya) 덕분에 알려졌듯이 염색체의 성이 늘 명확하지는 않다. 성염색체가 빠져 있거나 남아도는(XYY) 다양한 유전질환, 모호한 생식기(ambiguous genitalia)를 가지고 태어나는 선천적 장애도 있다. 그렇지만 성 정체성 장애(성도착을 임상적으로 부르는 말) 연구자들은 세메냐처럼 염색체나 신체적 이상이 있는 개인을 배제한다. 트랜스섹슈얼은 정상 염색체를 지녔지만 심리적으로는 이성과 동일한 방식으로 느끼는 사람이다.

여기서 젠더라는 개념을 다루게 되는데 이는 생물학적 성과는 다르다. 스스로 '남성' 또는 '여성'이라고 느끼는 것이 젠더 정체성이다. 생물학적(유전적) 남성은 대부분 남성 젠더 정체성을, 생물학적 여성은 여성 젠더 정체성을 지닌다. 그런데 생물학적 성과 젠더 정체성이 일치하지 않으면 성별 불쾌감이라는 불편한 감정이 나타난다. 이 끈질기고 부정적인 감정 상태는 많은 성도착자가 성전환 수술을 택하는 요인이 된다.

성과 젠더에 관련된 세 번째 변수는 성적 지향이다. 대다수 생물학적 남성은 생물학적 여성에게 끌리고 여성 역시 생물학적 남성에게 끌린다. 그러나 동성애자(그리고 양성애자들)의 존재, 그리고 그보다 더 중요한 것으로 '립스틱 레즈비언'(여성적 레즈비언), 매우 남성적인 게이 남성을 포함해 스테레오타입에서 벗어난 폭넓은 스펙트럼의 존재는 성적 지향 역시 생물학적 성, 젠더 정체성과 분리할 수 있는 변수임을 명백하게 보여준다. 동성애 자체가 성도착적 행위가 아님을 짚고 넘어가는 것은 중요하지만(일반적으로 게이 남성은 여성이 되기를 원치 않는다) 성도착자들은 이성애자일 수도 있고 동성애자일 수도 있다.

이처럼 서로 관련되지만 별개인 '생물학적 성' '젠더' '성적 지향'이라는 세 구성 요소의 구분 과정에서 과학자들은 트랜스섹슈얼리티라는 현상을 이해하기 시작했다. 미국정신의학회는 이를 "강력하고 반복적인 반대 성 동일시(cross-gender identification)와 (자신의) 생물학적 성에 대한 끈질긴 불편함"이라고 규정한 바 있다. 심지어 성도착자 공동체 내에도 상당한 다양성이 있음이 발견되었다. 예를 들면 성별 불쾌감을 경험하는, 즉 여성처럼 '느끼는' 생물학적 남성은 성적 지향 면에서 동성애자일 수도, 이성애자일 수도 있다. '생물학적 성' '젠더' '성적 지향' 사이의 다양한 엇갈림과 일치를 넘어 거대하게 정렬한 심리학적·문화적 요인이 성도착의 밑바탕에 깔려 있거나 영향을 미치는 듯하다. 과학자들은 이제야 이렇게 표면적으로는 전혀 이해되지 않는 영향력을 해명하기 시작했다.

젠더는 머릿속에 있다

트랜스섹슈얼의 정신적 상태는 폭넓고 다양하게 나타나지만 그들 대다수는 생물학적 성과 젠더 정체성의 불행한 어긋남으로 인해 젠더 불쾌감을 경험한다고 보고했다. 성별 불쾌감의 좋은 예로 이제는 채즈(Chaz)라 불리는 채스티티 보노(Chastity Bono)가 있다. 그는 가수 그룹 소니 앤 셰어(Sonny and Cher)의 딸로 태어났지만 아들로 바뀌었다. 어른이 된 후 거의 레즈비언으로 살던 보노는 2008년 중반, 사실 자신은 트랜스섹슈얼이고 레즈비언 '채스티티'에서 이성애자 남성 '채즈'로 성전환을 시작했다고 알렸다. (채즈는 성전환 전에 채스티티가 그랬던 것처럼 여성 친구에게 끌렸다. 보노의 육체적 변신을 감안하면 그들의 끌림을 누가 뭐래도 동성 관계에서 일어난 것으로 볼 수 없다.) FtM(female-to-male : 여성에서 남성으로) 트랜스섹슈얼로서 채즈는 가슴을 절제했고, 테스토스테론 치료 요법을 받으면서 목소리가 완전히 한 옥타브 낮아졌다. 눈에 띌 정도로 거뭇거뭇한 수염 자국이 생기기도 했다.

"젠더는 머릿속에 있지 다리 사이에 있지 않습니다." 2009년 ABC〈굿모닝 아메리카〉와의 인터뷰에서 보노가 한 말이다. "아이일 때는 정말 명확하죠. 저는 제가 남자라고 생각했어요……. 하지만 나이가 들면서 혼란스러워짐니다. 갑작스레 정해진 젠더 정체성에 순응하라는 강력한 압박을 받으니까요. (그래서) 많은 FtM이 결국 레즈비언 공동체에 들어갑니다. 그편이 그나마 말이 되거든요."

거의 모든 FtM이 비슷한 이야기를 들려준다. 동성애 지향(여성에게 끌림)이 압도적이다. 한편 MtF(male-to-female : 남성에서 여성으로) 트랜스섹슈얼은 성적 지향 및 성도착의 심리적 토대가 훨씬 다채로운 집단이다.

1980년대 후반 토론토대학 정신과 의사 레이 블랜처드(Ray Blanchard)는 '오토자이너필리아(autogynephilia)' 이론을 소개했다. 이성애자인 MtF 트랜스섹슈얼(여성에게 끌리는 생물학적 남성이지만 여성 정체성으로 이행하고 싶어 함)이 실은 자신이 여성이라는 상상에 성적으로 흥분하는 사람이라는 주장이다. 오토자이너필리아의 한 본보기로 회고록 《거울상(Mirror Image)》(1978)에 나오는 MtF 트랜스섹슈얼 낸시 헌트(Nancy Hunt)의 말을 들어보자. "나는 (여자아이에게) 엄청나게 관심이 많았다. 그들의 머리카락, 옷, 몸매를 연구했다. 그리고 점차 커지는 우리의 차이점을 숙고했다. 나는 성적 흥분을 느끼는 동시에 질투로 부글부글 끓었다. 그들처럼 되고 싶다는 마음만큼 그들을 소유하고 싶은 마음도 커졌다. 밤의 환상 속에서 자위하거나 꿈속에 빠져들 때 나는 두 가지 충동을 한데 결합해 내가 여자가 되어 섹스하는 꿈을 꾸었다."

이성애자와 동성애자 MtF 트랜스섹슈얼

블랜처드는 그러한 사례가 '성적 대상 위치 오류(erotic target location errors)'

를 보여준다고 말한다. 이들은 자신이 욕망하는 사람이나 사물을 닮기 위해 외모를 바꾼다. 대다수 사람이 관능의 대상을 찾는 방식과 다르게 오토자이너필리아는 욕망의 대상을 자신과 동일시함으로써 탐색 전략에 오류를 일으킬 가능성이 높다.

블랜처드의 오토자이너필리아 이론을 못마땅해하는 트랜스섹슈얼이 많다는 건 놀랍지 않다. 섹스가 한 요인이긴 해도 그들은 자신의 정체성이 일탈적 욕망보다는 남성의 몸에 갇힌 여성이라는 느낌과 깊은 관련이 있다고 말한다. 그런데 최근 남성에서 여성으로 전환한 저명한 심리학자 앤 로렌스(Anne Lawrence)가 블랜처드 이론의 섬세한 버전을 옹호하고 나섰다. 육체적·관능적 매력에서 시작된 원초적 관계가 로맨틱하고 성적 형태가 덜 노골적인 사랑으로 진화하듯이 오토자이너필리아도 여성으로서의 자신에게 성적이기보다는 로맨틱한 애정을 서서히 발전시킬 수 있다고 그녀는 말한다.

로렌스의 이론은 자신의 시애틀클리닉(Seattle Clinic)에서 이성애자 MtF 트랜스섹슈얼들의 유사성을 지켜보는 가운데 나왔다. 그들 대부분은 무척 남성적인 외모에 공학, 사업, 컴퓨터공학 등 주로 남성이 활약하는 분야에서 성공적인 삶을 살고 있었다. 결혼하고 자녀를 둔 사람도 많았다. 흥미로운 점은 이들 중 많은 사람이 자폐적 특성을 보였다는 사실이다. 이들은 다른 사람보다는 '사물'에 관심이 있는 듯했고 사회적 관계에 능숙하지 못했다. 그리고 성적 쾌감을 위해 이성의 옷을 입는 복장 도착에 성적으로 흥분했다는 공통점이 있었다.

2007년 《생물학과 의학의 관점(Perspectives in Biology and Medicine)》에 실린 한 논문에서 로렌스는 자신이 만나 본 이성애자 MtF 트랜스섹슈얼들에 관해 이렇게 썼다. "대체로 되도록 빨리 성전환 수술을 받고 싶어 했고 새 성기가 자신이 사랑하고 이상화하는 여성의 성기를 닮기 바랐습니다. 수술 후 이들은 남성 성기의 제거에 안도감을 느꼈을 뿐 아니라 여성의 것처럼 보이는 성기에 기뻐했습니다. (성전환자 지지 단체 회합 등에서) 남에게 기꺼이 보여주려고도 했습니다."

반대로 남성에게 끌리는 동성애자 MtF 트랜스섹슈얼은 여성 생식기를 이상화하지 않았고 "종종 성전환 수술에 무관심하거나 애매한 태도를 보였습니다"라고 로렌스는 썼다. 대다수 연구자는 MtF 트랜스섹슈얼이 동성애자냐 이성애자냐에 따라 유의미한 차이를 보인다고 한목소리로 말한다. 흥미롭게도 그들이 살고 있는 문화도 차이를 가져왔다.

다양한 문화적 영향력

문화적 영향력은 트랜스섹슈얼리티의 양상 중 가장 이해받지 못하는 부분일 것이다. 문화의 영향력은 규정하고 연구하기가 너무 어렵기 때문이다. 그럼에도 이런 요인이 MtF 트랜스섹슈얼이 동성애자가 될지, 이성애자가 될지 강력한 영향을 준다는 증거가 있다. 한국·말레이시아·싱가포르·타이 등의 극동 국가에서 MtF 트랜스섹슈얼 중 이성애자 비율은 5퍼센트 이하로 보인다. 나머지는 생물학적으로 남성인 동성애자들로 보통은 행동과 외모가 매우 여성

＊카토이나 레이디보이는 타이
에서 성전환자 여성 또는 여성
적 게이를 가리키는 말이다.

적이고 오로지 남성에게만 이끌린다. (이들이 이른
바 동남아시아의 카토이 또는 레이디보이다.＊) 놀랍게
도 이런 동성애자 대 이성애자의 비율이 서구에
서는 완벽하게 뒤집힌다. 미국과 영국에서 MtF 트랜스섹슈얼의 75퍼센트 이
상은 여성에게 이끌리는 이성애자나 양성애자다.

로렌스는 2008년 12월 《성 행동 기록》 온라인판에서 이러한 경향을 설명
하고 있다. 그녀는 한 사회가 집단주의적이고 개인의 표현보다 사회적 규율을
중시할수록 동성애적 MtF 트랜스섹슈얼 비율이 높아진다는 사실을 발견했다.
동남아시아의 집단주의적 나라에서는 동성애자 남성에게 그리 관용을 보여
주지 않는 것이 이유가 될 수 있다. 그들로서는 레이디보이처럼 용인되는 트
랜스젠더가 되어 여성으로 살아가는 편이 훨씬 낫다. 여성으로 인정받기에는
너무 남성적인 남성이 그렇게 한다면 사회적으로 외면당할 것이다. 한편 미국
과 영국 같은 국가는 개인적 표현과 선택을 중시하므로 여성적 남성과 남성
적 MtF 트랜스섹슈얼에게 매우 너그럽다.

트랜스섹슈얼이라는 표현은 확실히 급격한 다름을 내포하고 있다. 그 다름
은 개인적 경험, 성격, 생물학과 문화가 이루는 파악하기 어려운 인과관계 알
고리즘에서 나온다. 이 분야를 연구하는 과학자들은 상당한 진보를 이뤘지만
아직도 많은 것이 수수께끼로 남아 있다. 다행히 지난 10년가량은 '벽장에서
나와(coming out of the closet)' 성 소수자임을 밝히는 트랜스섹슈얼이 갈수록
많아지고 있다. 2004년부터는 성 정체성 장애 때문에 클리닉을 소개받아서

오는 청소년이 특히 급격히 증가했고 그 증가세는 아직도 수그러들지 않았다.

드라마틱한 수치의 증가는 미디어 노출이 낙인을 찍듯 영향을 주었기 때문인지도 모른다. 〈소년은 울지 않는다(Boys Don't Cry)〉(1999)와 〈트랜스아메리카(Transamerica)〉(2005) 등의 영화는 트랜스섹슈얼의 모습을 공감 가게 그려냈으며 아동기 성 정체성 장애라는 주제가 《뉴욕 타임스》와 ABC 방송국의 〈20/20〉 및 〈오프라 윈프리 쇼〉에 등장하기도 했다.

트랜스섹슈얼들이 지속적으로 자신의 경험을 솔직하게 털어놓으면서 과학자들은 젠더 교차 행동이 인간 변이의 매혹적 표현일 뿐 아니라 섹슈얼리티의 미묘한 변전을 연구하게 해줄 비옥한 정보의 영역임을 깨닫고 있다. 본성의 어떤 영역과도 달리 트랜스섹슈얼리티는 '생물학' '젠더' '성적 지향'이 만나는 지점에 존재한다. 그리고 앞서 보았듯이 이 세 요소는 서로 갈라서기도 한다.

6

사랑과 섹스의 어두운 면

니콜라스 웨스터호프

2008년 9월 5일 시카고경찰국은 반복적 성매매 혐의로 아서(가명)를 체포하고 웹사이트에 그의 사진을 게시했다. 인터넷 포털에 얼굴이 팔린 사람은 아서 하나가 아니다. 새뮤얼(59세, 가명)과 호세(34세, 가명)는 9월 5일 체포당한 후 똑같은 인터넷 포털에서 한동안 웃음거리가 되었다.

이처럼 수많은 남성이 체포당하고 있다는 사실은 엄청난 성매매 수요를 짐작하게 한다. 미연방수사국(FBI)에 따르면 2007년 미국에서 약 7만 8,000명이 매매춘 관련 범죄로 경찰에 구금되었다. 이들의 10퍼센트는 단골 성매수자들로 거의가 남성이라고 전문가들은 말한다.

스웨덴 말뫼대학 사회복지학과 교수 스벤악셀 만손(Sven-Axel Månsson)은 미국인 남성 16퍼센트가량이 성매수를 하는 것으로 본다. 캘리포니아주립대학 로스앤젤레스 캠퍼스의 사회학자 재닛 레버(Janet Lever)는 2000년, 로스앤젤레스의 길거리 성매매 여성 998명과 콜걸 83명을 대상으로 조사했는데 성매매 여성을 단골로 찾는 남성 28퍼센트, 콜걸을 고용하는 남성 절반가량이 정기적으로, 그 나머지는 비정기적으로 성매수를 하는 것으로 드러났다.

단골 비중은 나라나 연구에 따라 다양하게 나타난다. 만손은 성매매가 합법인 네덜란드와 스페인에서 각각 14퍼센트와 40퍼센트가량의 남성이 성매수를 한다고 보고했다.

베를린에 본부를 두고 성매매 여성에게 법적 조언과 지원을 제공하는 조직 HYDRA는 역시 성매매가 합법화된 독일에서는 남성들 중 최고 4분의 3가량이 돈을 주고 성적 서비스를 이용한다고 밝혔다. 그 비중을 5분의 1가량으로 훨씬 낮게 추산하는 사람도 있다. 한편 성매매가 불법이지만 사회적으로는 용인되는 타이에서는 무려 95퍼센트에 달하는 남성이 성매매 여성과 동침한 경험이 있다는 연구 결과가 나오기도 했다.

숫자야 어떻든 성매매라는 행위는 심리학자들이 병리적 현상으로 정리하고 넘기기에는 너무 만연해 있다. 연구자들은 남성이 성매수를 하는 이유를 놓고 뜨거운 논쟁을 벌인다. 일각에서는 그러한 행위가 심리적 고통을 치유하는 연고 같은 것으로 섹스, 사랑, 연애에 대한 충족되지 못한 욕구를 해소해준다고 믿는다. 성매수자 남성을 음울한 존재로 그리는 사람들도 있다. 그들이 대체로 여성 지배와 통제 등 남성 우월적 동기에서 비롯된 욕망에 이끌린다는 것이다. 성매매 자체의 도덕성에 관해서도 전문가들의 열띤 논쟁은 이어진다.

사회 경제적 계급을 불문한 원초적 본능

물론 가장 단순한 남성의 성매수 이유는 그저 섹스가 좋기 때문이다. 일반적으로 섹스 못지않게 즐거운 활동에 기꺼이 돈을 쓰는 사람들이 많다. 그런데 남성은 마음만 먹으면 가까운 여성과 공짜로 섹스를 할 수 있다. 그렇다면 왜 적지 않은 돈을 들여 성을 구매하려 할까? 특히 성매매 여성과 섹스를 할 때의 사회적 위험이나 건강 관련 위험을 감수하면서까지. 모든 성매수자 남성은 너무나 매력이 없어서 다른 식으로는 도저히 섹스가 불가능한 걸까?

대다수 연구자는 그렇게 생각지 않는다. 베를린 훔볼트대학의 문화연구자 사비네 그렌츠(Sabine Grenz)에 따르면 성매수자 남성은 사회 경제적 계급을 가리지 않는다. 그들은 주식중개인, 트럭 운전사, 학교 교사, 성직자일 수도 있고 법을 집행하는 공무원일 수도 있다. 그들 중 많은 사람이 결혼해서 자녀를 두고 있다. "그런 남성, 안 그런 남성을 근본적으로 구분해주는 사회적 특성은 전혀 없습니다." 2005년, 성매수자 남성 다수와의 인터뷰를 책으로 출판한 그렌츠의 말이다.

그들에게 명확한 성격 문제가 드러나는 것도 아니다. 1994년 베를린 프리대학의 심리학자 디터 클라이버(Dieter Kleiber)가 발표한 설문에 따르면 프라이부르크 성격검사(Freiburg Personality Inventory)를 받은 600명가량의 성매수자에게는 특별히 비정상적인 면모가 전혀 없었다. 유일하게 찾아낸 상관관계는 위험 감수와 피임 없는 섹스의 관련성이었다. 콘돔 없는 섹스를 요구한 남성은 공격성 점수가 높은 경향을 보였는데 부유한 기혼 고객일수록 피임도구를 쓰지 않는 경우가 많았다. "평안하고 안정되게 사는 남성일수록 아무 문제도 없을 거라고 굳게 믿습니다." 클라이버의 결론이다.

그 연구는 남성 성매수자의 다양성을 부각시킨다. 각각의 개인은 저마다 다양한 이유로 성매매를 찾는데 순수한 성적 충동에 이끌린 사람도 있다. 로자룩셈부르크재단(Rosa Luxemburg Foundation)에서 후원하는 남성 성매수자 연구에서 독일 브레멘의 사회학자 우도 게르하임(Udo Gerheim)은 이런 남성

다수가 (다른 곳에서 만족스러운 섹스를 하지 못해) 성적으로 좌절한 사람이거나 홍등가에서 관능적 판타지의 실현을 원하는 쾌락주의자임을 알 수 있었다고 말한다.

HYDRA의 대변인들도 남성은 성적 욕구의 만족을 위해 성매매를 찾는다고 말한다. 많은 남성이 성적 범위를 확장하고 커다란 성적 만족도를 경험하려면 아내나 여자 친구보다는 상업적 섹스에서 자유로운 실험을 할 수 있다고 생각한다.

왜 사회적 유대를 성매매에서 찾을까?

남성 성매수자의 정서적·심리적 동기를 들여다보는 연구자들도 있다. 게르하임은 성매매 여성과 상호 신뢰를 바탕으로 진정한 관계를 맺었다고 생각하는 낭만주의자들을 발견했다. 클라이버 또한 인터뷰 대상자 다수에게 연애감정을 엿보았다. 클라이버는 이런 남성은 유료 서비스를 이상적 사랑을 추구하는 배경으로 삼는다고 설명한다.

클라이버와 동료들이 그런 남성에게 자신이 만난 성매매 여성의 특성을 표현해보라고 하자 다수는 '매력적'이고 '개방적'이라고 대답했다. '지적이고' '위트 있다'고 대답하기도 했다. 많은 남성이 더 잘 알기를 욕망하는 완벽한 여성의 초상을 그려냈다. "내가 찾는 성매매 여성이 아내가 된 모습도 쉽게 상상할 수 있다"고 진술한 남성도 있었다. 클라이버는 "이 남성들은 성매매 여성과 감정적 관계에 있습니다"라고 하면서 성매매는 본질적으로 상업적·제한적인데도 그들이 이런 관계를 친밀감으로 표현한다고 덧붙인다.

성매매 여성과의 만남에서 남성 성매수자들이 보이는 행동 또한 그들이 성교 이외의 사회적 관계를 추구한다는 사실을 짐작케 한다. 레버는 로스앤젤레스 성매매 여성들과의 인터뷰에서 성매수자들이 행위 전후 "어디 출신이냐?" "진짜 이름이 무엇이냐?" 등 부적절한 질문을 자주 한다는 사실을 알게 되었다.

'관계' 지속과 관련된 문제를 말하자면 대다수는 아니더라도 꽤 많은 남성 매수자가 동일한 성매매 여성을 반복적으로 다시 찾는다. 클라이버의 연구에 따르면 성매수 애호가 3분의 2 이상이 한 특정한 성매매 여성의 서비스를 50회 이상 이용했다. 4명 중 1명은 성매매 여성 한 명과 100회 이상 섹스를 했다.

왜 남성은 사회적 유대에 관한 욕구의 만족을 여자 친구, 아내, 연인 관계가 아닌 성매매 관계에서 찾는가? 여성과 진정한 관계를 맺는 것은 위험부담이 따르는 복잡한 일일지도 모른다. 어려운 특성을 피하고 싶어 하고 멀리하려는 남성에게 성매매 여성은 여자 친구나 아내보다 까다롭지 않으며 마음이 편한 대상이다.

평범한 여성과의 데이트라면 남성은 거부당할 위험을 감수해야 한다. 여성이 피로한 기색을 드러내면서 쌀쌀맞게 대하거나 거부 의사를 밝히면 당황할 수밖에 없다. 반대로 성노동자들은 속마음이야 어떻든 무조건 고객을 환영하고 그들이 원하는 대로 친절하게 대해준다. 1980년 성매매의 심리학에 관한 책을 공동 저술한 젠더 연구자 군다 슈만(Gunda Schumann)은 "그들은 남성에게 감정적 관심, 정서적 안정감, 공감 등을 제공합니다"라고 말한다. 따라서 평범한 남성은 성적 욕구만이 아니라 심리적 불안감 해소를 위해 성매수를 한다는 시각도 가능하다.

성매매 여성과의 섹스를 치료나 데이트로 보는 생각은 몇천 년 전으로 거슬러 올라간다. 고대 메소포타미아 시인 길가메시(Gilgamesh) 전설에서 반은 야수인 왕의 친구 엔키두(Enkidu)는 창녀와 섹스함으로써 문명화된다. 창녀는 여기서 성스러운 존재로 그려지는데 자신을 희생해 남성 내면의 파괴적 힘을 씻어내기 때문이다.

여성을 '물질'로 보는 남성들

성매매가 기본적으로는 정상적인 남성의 고민 해소에 향유(香油) 역할을 한다는 데 동의하지 않는 연구자들도 있다. 잉글랜드 노팅엄대학 사회학자 줄리아 오코넬 데이비드슨(Julia O'Connell Davidson)은 성구매 남성을 사회적으로 '죽은' 여성을 대상으로 행위하는 시체 애호가로 규정한다. 그녀의 말에 따르면 이들은 성매매 여성을 인간으로 대할 필요가 없다고 생각하면서 성적 욕망을 분출시키는 남성이다. 친밀감 가설과는 정반대다.

"여성의 무력함은 성구매 남성을 흥분시킵니다." 오코넬 데이비드슨의 결론이다. 그녀의 말에 따르면 성매매 여성과의 섹스는 친밀감과 로맨스가 아닌 여성에 대한 복수심 해소와 통제력 행사가 목적이다.

2006년 유럽 의회에서 만손은, 성구매 남성이 섹스를 "친밀한 관계의 표현이 아닌 소비자 생산품쯤"으로 취급한다고 연설했다. 성매매 여성과의 섹스를 '맥도널드' 방문에 비유하는 남성도 있을 정도다. 게르하임은 익명이 가능한 인터넷에서 많은 성매수 남성이 여성을 '물건(material)'으로 지칭한다는 점을 지적한다. 또한 그들은 여성 혐오적 정복 판타지를 표출하기도 한다.

일부 성매수 남성은 심지어 자신이 그토록 즐기는 활동에 사회적 함의를 부여하기도 한다. 만손에 따르면 그들 다수는 성매매 여성의 침대를 안티페미니즘(antifeminism)의 마지막 보루쯤으로 여긴다. 오로지 그곳에서만 전통적인 남성의 여성 지배가 구축된다는 생각 때문이다.

성매매가 합법적인 많은 나라에서 온라인 성매매 사이트는 여성을 상품처럼 전시하여 성매수 남성에게 봉사한다. 독일에는 '올 인크루시브(all-inclusive)' 서비스로 손님을 끄는 누드 클럽도 있다. 남성은 정해진 가격(보통 100달러 미만)에 그곳에 있는 어떤 여성과도 섹스할 수 있다. 어떤 클럽에서는 특별 할인 시간대를 홍보하기도 한다.

성매수 남성은 대체로 심리적 문제가 있고 상담과 치료가 필요한 사람이라는 것이 만손의 견해다. 스웨덴의 많은 성매수 남성이 이와 유사하게 자신의 성적 행동을 '통제 불가' 또는 '심리적 중독'으로 본다. 일부 과학자는 그러한 자기규정을 인정하지 않는다. 일반적 의견에 반대하는 사람들은 성매매 금지국인 미국 등의 나라에서 성매수 남성에게 범죄자 낙인을 찍고 이들을 정신이 불안정한 사람으로 몰아가는 것이 부당하다고 생각한다.

그것이 남성에게 얼마나 중독적 행위이건 심각한 상처를 받는 쪽은 여성이다. 성매매 여성은 최소한 친밀감을 상품으로 팔 수 있도록 자신의 감정을 억누르려 애쓰며 심리적 고통을 겪는다. 게다가 성매수 남성에게 육체적 학대를 당하는 일도 종종 일어난다. 독일과 체코공화국 간 국경 지대의 성매매 저지에 애쓰는 KARO라는 조직의 2006년 연례 보고서는 성매매 관련 가혹 행위를 숱하게 기록하고 있다. 미국의 성매매 여성들도 심한 폭력에 시달린다.

성매매는 여성이 좋아서 택하는 직업이 아니다. KARO 웹사이트에 명시된 대로 "자발적 성매매 여성은 매우 드물다." 가난, 약물중독, 포주의 폭력에 대한 공포가 그들을 섹스 장사로 내몬다.

많은 전문가들은 여성 성노동자가 성매매의 진정한 유인(誘因)이 아니라고 주장한다. 그 사업을 먹여 살리는 것은 여성과의 관계에 문제가 있는 막대한 수요의 남성이다. 이는 성매매는 내버려둔 채 성매수만을 처벌하기로 한 스웨덴 법(1999)의 기조에 깔린 생각이다. 또한 다수가 여성에 대한 범죄로 생각하는 행위를 남성들이 반복하는 것을 저지할 목적으로 수많은 회담과 강의가 미국에서 행해지고 있는 것 또한 같은 맥락이다.

데이지 그루월

나르시시즘(narcissism)이나 사이코패시(psychopathy) 성향이 있는 사람을 대부분 바람직한 친구나 연애 상대로 여기지 않지만 불가사의하게도 이런 성격 특성에 끌리는 경우가 있다. 비열한 여학생이 학교에서 시쳇말로 인기 짱으로 군림하고 뱀파이어처럼 남의 고혈을 빨아먹는 사람이 섹스 심벌이 되기도 한다. 최근의 한 연구는 '어두운' 성격 특성을 지닌 사람이 그렇지 않은 사람보다 육체적으로 매력적이라고 결론지었다. 어두운 성격의 어떤 면이 사람을 매력적으로 만들까? 그 답을 알면 그들이 타인 착취에 능한 이유를 이해할 수 있다.

세인트루이스 워싱턴대학 니콜라스 홀츠먼(Nicholas Hotzman)과 마이클 스트루브(Michael Strube)는 육체적 매력과 나르시시즘·사이코패시·마키아벨리즘적 경향의 관계에 관심을 갖게 되었다. 그들은 '어둠의 3종'이라 불리는 이 세 가지 특징이 육체적 매력을 향상해주는지 알고 싶었고 실험을 통해서 이를 확인해보려 했다.

검증을 위해서 대학생 111명(그중 64퍼센트가 여성)을 실험실로 초대했다. 그들은 실험실에 도착한 직후 사진을 찍고 회색 트레이닝복으로 갈아입었다. 그런 다음 모두 화장을 지우고 머리가 긴 여학생은 단정히 묶은 후 꾸미지 않은 상태에서 다시 사진을 찍었다. 홀츠먼과 스트루브는 두 가지 사진을 이들과 무관한 사람들에게 보여주고 학생들의 육체적 매력을 점수로 매기게 했다. 차려입었을 때와 편하게 입었을 때의 매력도를 비교함으로써 연구자들은 학생들이 옷, 화장, 액세서리 등으로 얼마나 자신을 돋보이게 꾸며왔는지 파악할 수 있었다.

그다음 홀츠먼과 스트루브는 학생들의 성격과 나르시시즘 성향·사이코패시 성향·마키아벨리즘 성향을 평가했다. 학생들에게 자신의 점수를 매기게 하고 몇몇 친구의 이메일 주소를 알아내어 이들의 점수를 매겨달라고 요청했다. 자신이 평가한 점수와 친구들 점수의 조합을 바탕으로 각 학생의 최종 성격 점수를 합산했다. 아울러 학생들의 나르시시즘 성향·사이코패시 성향·마키아벨리즘 성향에 대한 점수 조합은 어둠의 3종 점수를 만드는 데 이용되었다.

어둠의 3종 점수는 확실히 '차려입었을 때'의 매력과 관계가 있었고 이전에 발견한 사실을 반영했다. 그러나 어둠의 3종 점수는 편하게 입은 사진들의 육체적 매력 점수와는 관련이 없었다. 달리 말하면 어두운 성격 특성을 지닌 사람은, 마음대로 옷을 차려입고 화장을 할 자유를 빼앗기면 남보다 특별히 매력적으로 보이지 않았다. 이들은 아무래도 외모를 매력적으로 꾸미는 데 능숙한 듯하다.

이러한 발견은 나르시시스트들이 첫눈에 호감을 사는 경향이 있음을 보여주었던 이전의 연구를 뒷받침한다. 독일 마인츠 요하네스 구텐베르크대학의 미차 바크(Mitja Back), 보리스 에글로프(Boris Egloff), 베스트팔렌 빌헬름뮌스터대학의 슈테판 슈무클레(Stefan Schmukle)는 2010년 공동으로 발표한 연구에서 학생들의 성격에 대한 정보를 수집한 후 서로 짧은 자기소개를 하게 했다. 그 후 학생들은 서로의 첫인상을 묻는 설문에 답했는데 그 결과 나르시시즘 점수가 높은 학생들은 호감도가 높은 것으로 드러났다. 학생들은 나르시시스트에게 더 이끌렸고 그들의 화려한 외모, 매력적인 표정, 자신 있는 신체 언어를 좋아했다. 그런 결과는 홀츠먼, 스트루브의 발견과 함께 나르시시스트들이 외모를 잘 꾸미고 좋은 사람으로 보이는 데 능숙하다는 사실을 보여준다.

따라서 누군가를 판단할 때는 신중해질 필요가 있다. 나르시시스트나 사이코패스들의 첫인상은 저항하기 힘들 정도로 매력적이다. 육체적 매력은 여러 가지 긍정적 특성과 자동으로 연관된다. 바로 '후광효과'라는 현상이다. 누군가를 육체적으로 매력적이라고 인지하면 자동적으로 그 사람이 다정하고 영리하고 자신감에 넘칠 거라고 생각하게 된다. 따라서 외모를 꾸미는 것은 첫인상을 좋게 하는 매우 효과적 방법이다. 육체적 매력을 자신감, 유머와 결합하면 효과는 더한층 높아지는데 착취적 성격인 사람은 그 점에서도 능숙해 보인다.

그러나 나르시시스트의 인기는 시간이 지나면 하락하는 경향이 있으니 겸손한 사람들에게는 희소식이다. 이렇게 되기까지 시간이 좀 걸리기도 한다. 어두운 성격 특성을 가진 사람은 단점을 숨기는 재주가 있기 때문이다. 이러한 성격 특성의 대표적 특징이 타인 착취이므로 가까운 사람들이 그 수법을 깨닫고 이들을 피하게 되는 건 시간문제다. 장기적 관계로 가면 허구에서나 현실에서나 대다수는 어두운 성격 특성은 꺼리기 마련이다. 때문에 수많은 책이나 영화에 등장하는 매력적인 뱀파이어나 악당이 알고 보면 순수한 마음을 가진 존재로 그려지는지도 모른다.

출처

1. Men Are from Mars, Women Are from Venus

1-1 Adrian F. Ward, "Men and Women Can't Be 'Just Friends'", Scientific American online. (October 23, 2012)

1-2 Lise Eliot, "The Truth about Boys and Girls", *Scientific American Mind* 21(2), 22~29. (May/June 2010)

1-3 Deborah Tannen, "He Said, She Said", *Scientific American Mind* 21(2), 54~59. (May/June 2010)

1-4 J. R. Minkel, "Student Surveys Contradict Claims of Evolved Sex Differences", Scientific American online. (October 14, 2010)

1-5 Andrea Anderson, "Men Value Sex, Women Value Love?", *Scientific American Mind* 21(2), 9. (May/June 2010)

2. Dating in the Modern World

2-1 Eli J. Finkel, Paul W. Eastwick, Benjamin R. Karney, Harry T. Reis and Susan Sprecher, "Dating in a Digital World", *Scientific American Mind* 23(4), 26~33. (September/October 2012)

2-2 Robert Epstein, "The Truth about Online Dating", *Scientific American Mind* 18(1), 28~35. (February/March 2007)

2-3 Charles Q. Choi, "Not Tonight, Dear, I Have to Reboot", *Scientific American* 298(3), 94~97. (March 2008)

3. Finding and Keeping Love

3-1 Wray Herbert, "Changing the Dating Game", *Scientific American Mind* 21(2), 66~67. (May/June 2010)

3-2 Christie Nicholson, "The Humor Gap", *Scientific American Mind* 21(2), 38~45. (May/June 2010)

3-3 Robert Epstein, "How Science Can Help You Fall in Love ", *Scientific American Mind* 20(7), 26~33. (January/February 2010)

3-4 Suzann Pileggi Pawelski, "The Happy Couple", *Scientific American Mind* 20(7), 34~39. (January/February 2010)

4. Sex and Love in the Brain

4-1 Mark Fischetti, "Your Brain in Love", *Scientific American* 304(2), 92. (February 2011)

4-2 Cassie Rodenberg, "All You Need Is Love : The Neurochemical Jolt and Obsession", Scientific American online. (February 14, 2012)

4-3 Nira Liberman and Oren Shapira, "Does Falling in Love Make Us More Creative?", Scientific American online. (September 29, 2009)

4-4 Katherine Harmon, "Your Love Is My Drug : Passion as Painkiller", Scientific American online. (October 14, 2010)

4-5 Melinda Wenner, "Sex Is Better for Women in Love", *Scientific American*

Mind 19(1), 9. (February/March 2008)

4-6 Chip Walter, "Affairs of the Lips", *Scientific American Mind* 19(1), 24~29. (February/March 2008)

4-7 Gary Stix, "Turn It Up, Dear", *Scientific American* 300(5), 22~23. (May 2009)

4-8 R. Douglas Fields, "Sex and the Secret Nerve", *Scientific American Mind* 18(1), 20~27. (February/March 2007)

4-9 Martin Portner, "The Orgasmic Mind", *Scientific American Mind* 19(2) 66~71. (April/May 2008)

5. Gender, Sexuality and Choice

5-1 Jesse Bering, "Is Your Child Gay?", *Scientific American Mind* 23(3) 50~53. (July/August 2012)

5-2 Robert Epstein, "Do Gays Have a Choice?", *Scientific American Mind* 17(1), 50~57. (February/March 2006)

5-3 Editors, "Follow Up : Sexuality and Choice", *Scientific American Mind* 17(2), 16~17. (April/May 2006)

5-4 Robert Epstein, "Smooth Thinking about Sexuality", *Scientific American Mind* 18(5), 14. (October/November 2007)

5-5 Jesse Bering, "The Third Gender", *Scientific American Mind* 21(2),

60~63. (May/June 2010)

6. The Darker Side

6-1 Nikolas Westerhoff, "Why Do Men Buy Sex?", *Scientific American Mind* 19(6), 62~67. (December 2008/January 2009)

6-2 Daisy Grewal, "Psychology Uncovers Sex Appeal of Dark Personalities", Scientific American online. (November 27, 2012)

저자 소개

게리 스틱스 Gary Stix, 《사이언티픽 아메리칸》 기자

니라 리버맨 Nira Liberman, 텔아비브대학 교수

니콜라스 웨스터호프 Nikolas Westerhoff, 심리학 박사 · 과학 전문 기자

더글러스 필즈 R. Douglas Fields, NICHD 수석 연구원

데버라 태넌 Deborah Tannen, 조지타운대학 교수

데이지 그루월 Daisy Grewal, 사회심리학 박사 · 스탠퍼드대학 연구원

레이 허버트 Wray Herbert, 심리학 전문 기자 · 저술가

로버트 엡스타인 Robert Epstein, 심리학 전문 기자 · 저술가 · 캘리포니아대학 방문교수

리즈 엘리엇 Lise Eliot, 시카고 의대 신경과학 교수

마크 피셰티 Mark Fischetti, 《사이언티픽 아메리칸》 기자

마틴 포트너 Martin Portner, 과학 저술가

멜린다 웨너 Melinda Wenner, 건강 전문 기자 · 뉴욕시립대학원 강사

J. R. 민켈 J. R. Minkel, 《사이언티픽 아메리칸》 기자

벤저민 카니 Benjamin R. Karney, UCLA 교수

수전 스프레처 Susan Sprecher, 일리노이대학 교수

수전 필레기 파웰스키 Suzzan Pileggi Pawelski, 과학 전문 기자

안드레아 앤더슨 Andrea Anderson, 신경과학 전문 기자

에이드리언 워드, Adrian F. Ward, 심리학 박사 · 콜로라도대학 연구원

엘리 핀켈 Eli J. Finkel, 노스웨스턴대학 교수

오렌 샤피라 Oren Shapira, 텔아비브대학 연구원

제시 베링 Jesse Bering, 과학 전문 기자 · 방송가

찰스 초이 Charles Q. Choi, 과학 기자

칩 월터 Chip Walter, 과학 저술가 · 영화작가

캐서린 하먼 Katherine Harmon, 과학 전문 기자

캐시 로덴버그 Cassie Rodenberg, 과학 저술가

크리스티 니콜슨 Christie Nicholson, 과학 전문 기자 · 스토니브룩대학 강사

폴 이스트윅 Paul W. Eastwick, 텍사스대학 교수

해리 리스 Harry T. Reis, 로체스터대학 교수

한림SA **04**

과학이 말하는 섹스 그리고 사랑

큐피드의 과학

2016년 7월 10일 1판 1쇄

엮은이 사이언티픽 아메리칸 편집부
옮긴이 김지선

펴낸이 임상백
기획 류형식
편집 박선미
독자감동 이호철, 김보경, 전해윤, 김수진
경영지원 남재연

ISBN 978-89-7094-875-1 (03470)
ISBN 978-89-7094-894-2 (세트)

펴낸곳 한림출판사
주소 (03190) 서울시 종로구 종로 12길 15
등록 1963년 1월 18일 제 300-1963-1호
전화 02-735-7551~4
전송 02-730-5149
전자우편 info@hollym.co.kr
홈페이지 www.hollym.co.kr
페이스북 www.facebook.com/hollymbook

표지 제목은 아모레퍼시픽의 아리따글꼴을 사용하여 디자인되었습니다.